广西高等职业教育示范特色专业系列教材
（园艺技术专业群）

南方特色蔬菜

卢　明　主编

中国农业大学出版社
·北京·

内 容 简 介

近年来，我国经济快速发展。随着人们生活水平的不断提高，现代人越来越重视健康，人们对于食物的要求已经不仅仅停留在它的食用性上，在注重健康的同时还注重美观、养生等理念。特色蔬菜要求绿色健康，富有营养、养生、美观等功能，给人们带来了神奇的视觉和味觉享受，食用起来安全放心，这符合大众对现代蔬菜的要求，同时也给大家的生活带来更丰富的体验。本书以实用性、可操作性为编写出发点，选取了华南地区具有代表性的香瓜等10种特色蔬菜品种，介绍其主要生物学特性、对环境条件的要求、新优品种、育苗技术、栽培与施肥要点、主要病虫害的防治等实用技术。本书内容深浅适宜，可作为农林院校师生的教材及参考用书，也可作为各基层农业科技人员的参考用书。

图书在版编目(CIP)数据

南方特色蔬菜/卢明主编. —北京：中国农业大学出版社，2019.6
ISBN 978-7-5655-2221-5

Ⅰ.①南…　Ⅱ.①卢…　Ⅲ.①蔬菜园艺　Ⅳ.①S63

中国版本图书馆CIP数据核字(2019)第107557号

书　　名　南方特色蔬菜
作　　者　卢　明　主编

策划编辑　姚慧敏　司建新　　**责任编辑**　姚慧敏　郭建鑫
封面设计　郑　川　　**责任校对**
出版发行　中国农业大学出版社
社　　址　北京市海淀区学清路甲38号　　**邮政编码**　100083
电　　话　发行部 010-62818525，8625　　读者服务部 010-62732336
　　　　　编辑部 010-62732617，2618　　出　版　部 010-62733440
网　　址　http://www.caupress.cn　　**E-mail** cbsszs@cau.edu.cn
经　　销　新华书店
印　　刷　涿州市星河印刷有限公司
版　　次　2019年6月第1版　　2019年6月第1次印刷
规　　格　787×1092　　16开本　　8印张　　140千字
定　　价　28.00元

教材编审委员会

编写人员

主　　编　卢　明　广西农业职业技术学院

参编人员　邓征宇　广西农业职业技术学院

齐秀玲　广西农业职业技术学院

王世杰　广西农业职业技术学院

张慧娜　广西农业职业技术学院

吴小丽　广西农业职业技术学院

前　言

蔬菜是人们生活必不可少的主要食品之一，提供人体所需的维生素、矿物质、纤维以及蛋白质、脂肪、淀粉等营养物质。随着我国经济的快速发展和人民生活水平的提高，蔬菜由过去的紧缺到现在的供应过剩，蔬菜生产进入了新的阶段，具有新颖外观、奇特造型、独特风味、营养保健、绿色安全、特色加工品等功能型的特色蔬菜更为人们喜欢，也有更高的经济价值。

本书以实用性、可操作性为编写出发点，选取南方（华南地区）代表性较强的香瓜等10种特色蔬菜品种，介绍其主要的生物学特性、对环境条件的要求、新优栽培品种、栽培季节和栽培技术，书中知识点注意深浅结合。本书属于农技类的科普性图书，可作为农林院校师生的教材，也可作为各层次农技人员的参考用书。

本书第一章、第四章、第八章、第十一章由卢明撰写，第二章由王世杰撰写，第三章由张慧娜撰写，第五章、第九章由吴小丽撰写，第六章由邓征宇撰写，第七章、第十章由齐秀玲撰写。

由于特色蔬菜是一类新型蔬菜，对其定义、范围等内容还在探讨中，教材中难免存在疏漏和不当之处，敬请有关专家和广大读者批评指正。

编　者

2019年3月于广西南宁

目　　录

目　录

目　录

目　录

第一章

概　　述

特色蔬菜区别于传统蔬菜，是具有特别风味、或特定功效、或外观亮丽、或可加工成独具特色的产品的一类蔬菜。特色蔬菜包括野生蔬菜（如白花菜、蕨菜、一点红等）、特殊风味蔬菜（如香瓜、芋头、西洋菜等）、外观亮丽或形状特殊的蔬菜（如樱桃番茄、彩色辣椒、碟形黄瓜等）、地方特色蔬菜（如丝瓜、蕹菜、芥蓝等）、特色加工品蔬菜（如结球芥菜、指天椒、华南黄瓜等）。随着生活水平的不断提高，现代人越来越重视健康，对于食物的要求已经不仅仅停留在它的食用性上，在吃得健康的同时还注重食品的美观、养生功效等。近年来，华南地区在传统蔬菜生产的基础上，开发了不少本地特色蔬菜品种，也从国外引进大量新型的特色蔬菜，如黄秋葵、芦笋、樱桃番茄、彩色辣椒等，既丰富了当地的蔬菜品种，又满足了人们对生活品质的要求。

本章简要叙述了华南地区的自然地理情况和特色蔬菜发展现状，分析了华南地区特色蔬菜产业发展存在的问题，并提出了若干解决对策。

第一节　华南地区自然地理概况

一、华南地区自然环境条件

华南地区包括广东、广西、海南、香港特别行政区和澳门特别行政区。该地区地形以丘陵为主，约占土地总面积的90%，平原仅占10%。丘陵、山地、平原交错分布，耕地多集中于平原、盆地和台地上。土壤以红壤土和黄壤土为主，pH多为5～6。大部分地区河网稠密，地表流量大，是全国径流深度较大的地区之一。

广西、广东北部属亚热带季风性湿润气候，海南、广东中部以南属热带季风性湿润气候。受热带、副热带海洋性气团影响，本区高温多雨，水、热资源丰富，夏长冬暖，年平均日照 1 600～2 000 h。最冷月份平均气温在 12℃以上。昼夜温差小，一般在 10℃以内。除部分山区外，大部分地区全年无霜冻，无霜期 300～365 d，年积温达 6 500～9 500℃。

华南地区雨量充足，降水量自东向南逐渐增多。年平均降水量达 1 531 mm，降水最多的年份可达 2 000 mm，最少的年份也在 800 mm 左右。降水量全年分布不均匀，春季常阴雨连绵，降水多集中于夏、秋季，冬季雨水普遍不足。

二、华南地区省区自然地理概况

（一）广西壮族自治区

广西位于中国经济发达的东部地区与资源富集的西部地区之间，地处云贵高原东南边缘，两广丘陵西部，南临北部湾海面。西北高、东南低，西北向东南呈倾斜状。山岭连绵、山体庞大、岭谷相间，四周多被山地、高原环绕，中部和南部多丘陵平地，呈盆地状，有“广西盆地”之称。总体是山地丘陵型盆地地貌，分山地、丘陵、台地、平原、石山、水面 6 类。山地以海拔 800 m 以上的中山为主，海拔 400～800 m 的低山次之。山地约占广西土地总面积的 39.7%，海拔 200～400 m 的丘陵占 10.3%，海拔 200 m 以下地貌包括谷地、河谷平原、山前平原、三角洲及低平台地占 26.9%，水面仅占 3.4%。盆地中部被两列弧形山脉分割，外弧形成以柳州为中心的桂中盆地，内弧形成右江、武鸣、南宁、玉林、荔浦等众多中小盆地。平原主要有河流冲积平原和溶蚀平原两类，河流冲积平原中较大的有浔江平原、郁江平原、宾阳平原、南流江三角洲等，面积最大的浔江平原达到 630 km^2。广西境内喀斯特地貌广布，集中连片分布于桂西南、桂西北、桂中和桂东北，约占土地总面积的 37.8%。

广西为低纬度地区，北回归线横贯中部，南临热带海洋，属亚热带季风气候区。气候温暖，雨水丰沛，光照充足。夏季日照时间长、气温高、降水多，冬季日照时间短、天气干暖。受西南暖湿气流和北方变性冷气团的交替影响，干旱、暴雨、热带气旋、大风、雷暴、冰雹、低温冷（冻）害气象灾害较为常见。各地年平均气温 17.5～23.5℃。各地年平均降水量 841.2～3 387.5 mm，百色、河池以及崇左大部、三江、柳城、忻城、隆安、武鸣等地降水在 1 500 mm 以下，其余地区在 1 500 mm 以上，降水最少的田林县仅为 841.2 mm，最多的防城港市为 3 387.5 mm。各地年日照时数

1 213.0～2 135.2 h，桂北大部、百色市南部山区及龙州、东兴和浦北在 1 500 h 以下，其余地区在 1 500 h 以上，年时照时数最少的那坡县仅为 1 213 h，最多的合浦县为 2 135.2 h。

（二）广东省

广东是中国第一经济大省。广东省地处中国大陆最南部，地形地貌复杂，其山脉大多与地质构造的走向一致，以北东—南西走向居多，构成各类地貌的基岩岩石以花岗岩最为普遍，砂岩和变质岩也较多，粤西北还有较大片的石灰岩分布，此外局部还有景色奇特的红色岩系地貌，如著名的丹霞山等；丹霞山和粤西的湖光岩先后被评为世界地质公园；沿海数量众多的优质沙滩以及雷州半岛西南岸的珊瑚礁，也是十分重要的地貌旅游资源。沿海、沿河地区多为第四纪沉积层，是构成耕地资源的物质基础。

广东位于东亚季风区，从北向南分别为中亚热带、南亚热带和热带气候，是中国光、热和水资源最丰富的地区之一。从北向南，年平均日照时数由不足 1 500 h 增加到 2 300 h 以上，年太阳总辐射量为 4 200～5 400 MJ/m^2，年平均气温为 19～24℃。全省平均日照时数为 1 745.8 h、年平均气温 22.3℃。1 月平均气温为 16～19℃，7 月平均气温为 28～29℃。降水充沛，年平均降水量为 1 300～2 500 mm，全省平均为 1 777 mm。降水量的空间分布基本上也呈南高北低的趋势。受地形的影响，在有利于水汽抬升形成降水的山地迎风坡有恩平、海丰和清远 3 个多雨中心，年平均降水量均大于 2 200 mm；在背风坡的罗定盆地、兴梅盆地和沿海的雷州半岛、潮汕平原少雨区，年平均降水量小于 1 400 mm。降水的年内分配不均，4—9 月份的汛期降水占全年的 80%以上；年际变化也较大，多雨年降水量为少雨年的 2 倍以上。洪涝和干旱灾害经常发生，台风的影响也较为频繁。春季的低温阴雨、秋季的寒露风和秋末至春初的寒潮和霜冻，是广东多发的灾害性天气。

（三）海南省

海南是中国南方的热带岛屿，岛上热带雨林茂密，海水清澈蔚蓝，一年中分有旱季和雨季两个季节。海南岛四周低平，中间高耸，呈穹隆山地形，以五指山、鹦哥岭为隆起核心，向外围逐级下降，由山地、丘陵、台地、平原构成环形层状地貌，梯级结构明显。在各种地貌类型中，海拔 500 m 以上的山地占全岛总面积的 25.4%，丘陵占 13.3%，台地占 32.6%，阶地占 16.9%，平原占 11.2%，其他占 0.6%，具有台地、阶地特别多，山丘密集相连，平原少而分散的特征。主要土壤类型为砖红壤。

海南省位于北回归线以南，终年太阳高度角大。夏至前后有两次太阳位于天顶，正午时，太阳高度角为84°45′～86°45′；即使在冬至日，正午时，太阳高度角也为46°05′～48°05′。太阳辐射能相当丰富，日照充足，年太阳辐射总量为4 600～5 800 MJ/m^2，年日照时数为1 793～2 590 h。海南省位于东亚季风区，受季风影响较为明显。东风带系统和西风带系统对其均有影响。各地的年平均气温为22.5～25.6℃，以中部的琼中最低，南部的三亚最高。由于海洋的调节，气温年变差普遍较小，多数地区为8～10℃，三亚最小(7.6℃)。气温年变差普遍比中国大陆地区低5～10℃。海南各地的年平均雨量为923～2 459 mm。降水的季节分配很不均匀，有明显的多雨季和少雨季。每年5—10月份是多雨季，总降水量1 500 mm左右，占全年降雨量的70%～90%，雨源主要有锋面雨、热雷雨和台风雨；每年11月份至翌年4月份为少雨季，仅占全年降雨量的10%～30%，在少雨季节常发生干旱。

第二节　华南地区特色蔬菜发展概况

一、华南地区发展特色蔬菜产业的优势

华南地区为亚热带季风气候，多山地丘陵，植被茂盛，气候温暖湿润，种质资源、人力资源特别丰富，在发展特色蔬菜产业上有天然的优势，主要体现在以下几个方面。

(1)热带植物资源丰富，有充沛的光照、适宜的温度、水分充足，生物资源种类繁多，有大量本地已开发或尚未开发的野生蔬菜。

(2)由于气候温暖，华南地区可全年进行蔬菜生产，是全国重要的南菜北运基地。优越的气候条件也是引进多种特色蔬菜的重要条件。

(3)广西、海南等地工业产业不发达，环境污染少，适合一些对环境要求较高的特色蔬菜生产，适合出口型特色蔬菜的生产。

(4)山区多、平原少，不宜进行大规模蔬菜生产，而更适合特色蔬菜的生产。

(5)农村地少人多，发展特色蔬菜产业能有效地解决劳动力过剩问题，改善山区村民的生活条件，也符合当前大力开展扶贫工作的需要。

二、华南地区特色蔬菜的主要产品

（一）鲜菜产品

近年来，华南地区的鲜菜产量不断增加，根据资料显示，2017 年广西蔬菜种植面积为 131.47 万 hm^2，产量（含食用菌）为 3 086.85 万 t，产值达到 300 亿～500 亿元。华南地区特色蔬菜指天椒在天等县主要产区占据有重要的经济地位，此外，荔浦芋也是远近闻名的特色菜，还发展出一些地方的特色野生蔬菜，如白花菜、一点红、当归、菊花脑、羊角菜等。

（二）罐头制品

华南地区蔬菜罐头制品主要有嫩竹笋、蕨菜、蕹、青刀豆等。其中青刀豆、芦笋等罐头制品远销全国各地及出口各国。以指天椒为主要材料的各种罐装食品深受东南亚地区消费者的喜爱。

（三）干制品

自然干制蔬菜有干辣椒、笋干、黄花菜、萝卜干、蕨菜干等，产品行销于世界各国，代表产品有田林八渡笋、横县大头菜、广东霉干菜等。近年来，脱水蔬菜产业也得到了快速发展。

（四）腌制品

腌制蔬菜在华南地区久负盛名，著名的有酸笋、酸芥菜、酸辣椒、酸萝卜、酸蕹头、黄瓜皮、芋蒙、大头菜等，形成了以当地特色蔬菜腌制品为核心的各种系列加工产品。

第三节　特色蔬菜产业发展存在的问题与对策

一、特色蔬菜产业的发展前景

随着生活水平的不断提高，人们对于蔬菜的要求已经不仅仅停留在它的食用性，同时还注重美观、养生等理念，对蔬菜品质的要求也越来越高。为了适应市场需求，越来越多的特色蔬菜被人们开发和挖掘出来，或者在原有蔬菜的基础上辅以特色加工，其经济效益得到了很大提高。从以下几个方面可以看出特色蔬菜发展的前景。

（一）精神层面的需求

特色蔬菜的亮点之一是外形美观，造型独特。根据人们的猎奇心理，培育出各种稀奇古怪、五颜六色的蔬菜，如巨型南瓜、碟形南瓜、长柄葫芦等外观独特的特色蔬菜，消费者出于好奇心而容易被它们吸引。

（二）具有特有功效

广西南宁开发的白花菜、一点红、车前草等特色蔬菜，其味清香鲜美，具有提神生津、开胃健脾、增进食欲、清热消暑等功效，深受当地群众的喜爱。

（三）绿色健康安全

特色蔬菜多生产于远离城市的乡村或山区，产地无污染，产品安全卫生，迎合了大众对绿色食品的需求。特色蔬菜富有营养，是健康、安全的优质食品。

（四）新技术的运用

随着科学技术尤其是网络技术的发展、信息交流更迅捷、物流更畅通，使得特色蔬菜的种植、引进、销售、技术服务等得以保证，为特色蔬菜产业的发展提供了保障。

（五）政策的正确引导

现在地方政府在积极推广特色蔬菜种植，从政策和资金上给予大力支持，促进地方特色蔬菜经济发展。

特色蔬菜未来的发展前景非常乐观，目前华南地区各地均大力扶持特色农业生产，引进和培育更多具有特色的蔬菜品种，以满足日益增长的市场需求。

二、特色蔬菜产业存在的问题

（一）特色蔬菜资源开发利用程度低

华南地区菜农大多为农民，文化素质偏低，对野生蔬菜的认识度较低，他们在特色蔬菜生产中大多是直接采摘现成的野菜来供应市场，生产规模小，已开发出的野生蔬菜种类少。相对华南地区丰富的野生蔬菜资源，目前已开发利用的十多种野生蔬菜尚不足其中的1%。

（二）生产技术水平相对落后

华南地区特色蔬菜产业在种植方式和耕作制度上缺乏创新，菜农过多沿用传统的种植习惯，集中播种，集中上市，造成供给和需求间的不平衡。特色蔬菜生产过程中的环境污染问题、土壤肥力问题、病虫害问题等还没有得到很好的解决。

（三）产品结构与消费者需求不匹配

消费需求的多元化使得消费由大宗应时蔬菜向多样化和特需化发展，由供应大宗应时蔬菜品种转向稀有品种和野生蔬菜等众多的小品种蔬菜。华南地区蔬菜市场总供应量相对过盛，但特色蔬菜品种尚不能满足需要。特色蔬菜产品数量少，单一品种多、花色品种少，与多样化的市场需求极不适应。

（四）政府扶持与监管力度不够

华南地区特色蔬菜产业虽已发展多年，但政府相关部门对本地特色蔬菜的扶持力度还是较小，大多时候仅在引进新品种及发展少数传统特菜上下功夫，对挖掘和发展本地的野生蔬菜资源没有给予足够的重视。对已有的特色蔬菜管理仍不够完善，对特色蔬菜上市后的监管比较缺乏。特色蔬菜自身具有散包装、鲜嫩的特点，从上市到售出仅需几个小时，多则一两天，中间环节没有经过任何部门的监督和检测。有关部门应加大监管力度，保障消费者权益不受损害。

（五）流通体系不完善

特色蔬菜生产具有明显的季节性和地域性差异，品质贵在鲜嫩。因此，特色蔬菜生产需要在各个环节上相互协调。目前，特色蔬菜生产领域和流通领域结合度比较低，储藏、运销、加工、保鲜能力不足，营销队伍很不健全，批发市场功能少、不完备，配送连锁等现代大流通方式还不完善，公平、有序、开放、竞争的市场氛围尚未形成，市场对生产的引导作用难以充分发挥。

（六）产品技术含量低，加工水平落后

长期以来，我国特色蔬菜的贮藏加工技术和设施建设得不到重视，科技投入少，

对特色蔬菜的潜在营养价值没有进行充分的研究和开发。特色蔬菜产品多为初加工,有些甚至未经清洗、包装就流入市场,难以吸引消费者选购,效益低下。

(七)品牌意识差,经营管理方式缺乏创新

传统特色蔬菜无产品品牌,仅依靠口碑,难以在全国市场乃至全球市场上形成强大的竞争力。

(八)规模小、生产无标准

目前,华南地区缺乏特色蔬菜大型生产栽培基地,绿色、有机栽培技术得不到普及。特色蔬菜产业未形成标准化生产、规范化监控、品牌化销售的统一局面。

(九)不重视特色蔬菜品种的选育

华南地区特色蔬菜尤其是野生蔬菜种类众多,但没有专门的机构负责收集、整理、驯化、培育,缺乏开发特色蔬菜专用品种的研究工作,制约了各地特色蔬菜产业的发展。

三、解决对策

(一)加大特色蔬菜品种的引进与本地特菜资源的开发

在品种上,可重点培育目前已有的特色蔬菜品种,如天等指天椒、荔浦芋等,以筛选出更优质的品种。其次引进适合本地环境的抗病、优质、适应性广的特色蔬菜品种,如樱桃番茄。着力开发新的野生蔬菜资源,如荠菜、猫豆等特色蔬菜品种。进一步加强企业与科研单位的紧密合作,共同促进特色蔬菜产业的发展。

(二)加大力度招聘并培养具有高专业素质的种植人员

特色蔬菜生产企业可以适当地引进相关专业的大学生,在经验丰富的技术人员帮助下,使其尽快掌握相关技术,并与理论相结合,研究新型特色蔬菜品种及更有效的高产种植模式,从而推动特色蔬菜产业的发展。

(三)实行特色蔬菜规模化、产业化和标准化生产

国家正在鼓励加快农村耕地流转步伐,发展集约化、规模化生产。特色蔬菜种植企业应当顺应时代潮流,积极响应国家号召。第一,应加大企业种植规模,增加

农业机械的使用，用较少的人员、较轻的劳动强度培育更多、更好的特色蔬菜产品；第二，应尽快地提高特色蔬菜产品的标准化水平，从而提高产出率和市场竞争力。

（四）创新特色蔬菜物流模式

物流是制约特色蔬菜销售的一大瓶颈，多数特色蔬菜产地位于山区，信息缺乏，交通不便利。发展第三方物流，利用其专业化运作，可以大大降低特色蔬菜生产企业在运输上的成本。第三方物流可合理地统一分配物流资源，以订单为基础进行组织、发货，并运用其专业的信息化系统来选择最佳路线。也可联合农户、行业组织一同建立物流联动机制，形成以特色蔬菜为核心的信息物流体系，带动当地特色蔬菜产业发展。

（五）建立特色蔬菜生产基地

地方应增加特色蔬菜开发和基地建设的投入，适当引进先进蔬菜种植技术，以标准化的方式生产无公害、绿色的特色蔬菜，当地政府应加大相关农业政策扶持力度，加大宣传，帮助生产者申报相关特色蔬菜的支持项目。

（六）树立特色蔬菜品牌战略意识

品牌是消费者识别产品的重要标志，塑造良好的品牌形象，建立顾客忠诚度，形成品牌优势，再通过品牌优势的维持与强化，最终实现创立农产品名牌并发展壮大名牌的目标。重视品牌建设能有效监督农产品质量和保障农产品价值，实现规模经济效益，因此，要在品牌定位的基础上开展产品研发，重视开发特色蔬菜加工品，特别是用于出口的产品。

（七）深入开发和挖掘特色蔬菜的特殊功效

在注重特色蔬菜的食用营养价值的同时，还要研究其药用价值；引进新的加工工艺，拓展特色蔬菜的新产品，如保健蔬菜、蔬菜饮料、即食特菜、脱水特菜等；采用高新技术，生产附加值高的产品，如提取特色蔬菜中天然的精油、香料和生产高纯度、高营养的保健品、化妆品等，尽可能挖掘和开发出特色蔬菜的潜在价值。

经过近 30 年的发展，我国蔬菜的种植面积超过 2 000 万 hm^2，年产量超过 7 亿 t，人均占有量超过 500 kg，均居世界第一位。在当前市场开放、菜源扩大、品种增多的情况下，消费者对蔬菜品质的要求越来越高，绿色蔬菜、有机蔬菜、特色蔬菜等高品质蔬菜受市场欢迎程度日益增加，蔬菜生产由产量向质量转型。因此，在蔬菜总量结构性、区域性和季节性明显过剩的情况下，以质取胜才是蔬菜种植行业再上新台阶的出路，特色蔬菜的发展潜力巨大，对华南地区的蔬菜生产有非常重要的意义。

思考题

1. 华南地区发展特色蔬菜产业有哪些地理和气候优势？
2. 华南地区有哪些主要的特色蔬菜种类？
3. 华南地区特色蔬菜产业发展存在着哪些问题？应如何解决？

实训项目

实训项目一　特色蔬菜调查

一、实训目的

了解华南地区主要特色蔬菜种类及其种植情况。

二、材料与用具

1. 材料

当地种植的特色蔬菜。

2. 用具

笔记本、笔、相机等。

三、方法与步骤

1. 了解和记录当地特色蔬菜种类。
2. 调查各种特色蔬菜种植的栽培季节。
3. 调查和查阅相关资料，记录各种特色蔬菜栽培的主要品种。
4. 了解当地特色蔬菜的病虫害发生情况。

四、作业

1. 写出实训报告，作表记录当地特色蔬菜种类、栽培季节和主要病虫害。
2. 举例说明特色蔬菜对当地经济发展的作用与意义。

第二章

香 瓜 栽 培

香瓜属葫芦科一年生蔓生植物，它是甜瓜中起源于南亚和中亚地区的一个薄皮甜瓜的亚种，香瓜果实成熟时，表皮颜色为金黄色、白色或者带条纹的浅黄色，由于其在成熟期有明显的呼吸跃变，会产生特殊的香甜味，故称香瓜。目前，华南地区栽培的甜瓜以厚皮甜瓜、薄皮甜瓜和哈密瓜三个类型为主。华南地区栽培的香瓜（薄皮甜瓜）耐热性较强，也耐弱光，在短日照条件下能正常开花，茎叶较繁茂，耐湿、热，叶片较厚，根系较强，果实较小，果面光滑，呈椭圆形，果皮较薄，成熟期香味浓郁，属于中熟品种。香瓜幼果呈浅绿、绿白或白色，成熟后果实呈黄色或白色，味香甜，果肉脆或绵软，水分多，富含糖类、多种氨基酸、胡萝卜素、抗氧化剂、矿物质（钙、磷、铁等）以及丙醇二酸、果酸等活性物质。香瓜以直接食用为主，也可加工成蜜饯或果脯，是优质的高档水果作物，广西南宁、北海等地近年香瓜种植面积不断扩大，由于其上市季节与中原及北方市场有差异，能够在华中、华东地区缺少水果的季节集中上市，且口感上佳，因此极受欢迎。适合香瓜栽培的区域包括广东、广西、海南、福建、云南等地，以露地栽培为主，也适合在春、秋两季用大棚等设施栽培。

第一节　生物学特性

一、植物学特征

（一）根

香瓜根系比较发达，主要根群分布在15～20 cm的耕作层，最大深度可达50～60 cm，水平分布范围为60～80 cm，其具有较强的耐旱能力，但易木栓化、再生能力弱，育苗时要注意护根，一般选择在下午或者阴天移栽。

（二）茎

香瓜茎呈蔓性，节间长10～15 cm，从第5节开始，叶腋着生有侧枝、卷须及雄花，雌花形成较晚，茎蔓能发生较多的子蔓和孙蔓，生长极其茂盛，需要及时整枝。

（三）叶

香瓜叶片较小、呈心形，单叶互生，叶缘锯齿或波纹状，被细茸毛，对皮肤有刺激作用，操作时需要加以注意。叶缘多水孔，早晨有吐水现象。

（四）花

多数香瓜为雌雄同株异花。雄花呈簇生状，从第5节开始着生，每节均发生；雌花单生为主，柱头3裂，一般间隔4～6节发生1朵雌花，虫媒花，异花授粉，部分香瓜品种的雌花柱头下方带有雄蕊，为雌性两性花，能够借助昆虫的活动完成自花授粉。上午6点到7点开始开花，午后谢花，花期较短。

（五）果实

香瓜果实为瓠果，食用部分为中果皮及瓜瓤。果实一般为椭圆形，果面光滑，具光泽，嫩瓜有绿、绿白、白色等，成熟时为白色或金黄色。果实发育前期生长快，后期生长慢，从开花至达到采收重量，嫩瓜需要15～20 d。果实需要后熟2～3 d，有利于内部糖分的转化和积累。果肉较薄，成熟时有浓郁的芳香味，瓜瓤和附近汁液极甜，可以连皮带瓤一起食用。香瓜栽培时，果实发育前期需要水分充足，后期需要控制水分，否则品质难以保证。

二、生长发育周期

（一）发芽期

香瓜从种子萌发到两片子叶展开、第1片真叶显露为发芽期。发芽期一般为10～15 d，这个时期的植物以根系生长和下胚轴生长为主，需要较高的温度和湿度。

（二）幼苗期

香瓜从第1片真叶显露至第5片真叶显露为幼苗期。幼苗期一般为30～35 d，此阶段植物根系开始旺盛生长，内部进行花芽的分化和形成。

（三）抽蔓期

香瓜从第 5 片真叶展开至第 1 雌花开花为抽蔓期。抽蔓期一般为 5～20 d，这个时期植株节间迅速伸长，生长速度加快，根系生长范围不断扩展，营养生长与生殖生长同时进行，子蔓与孙蔓大量发生，花逐渐发育成熟。

（四）开花结果期

香瓜从第 1 雌花开花至果实成熟采收为结果期。开花结果期一般为 35～40 d，这个时期植株生长量占总生长量的 70%以上，需要大量水肥。开花结果期的长短直接影响到产量的高低，生产上需要加强环境调控、水肥管理与病虫害防治，尽量延长结果期，防止植株早衰、减少化瓜与畸形瓜。开花结果期按果实生长情况可分为 3 个阶段。

1. 坐果期

从雌花开放至果实“退毛”为止，需 7～8 d。果实呈鸡蛋大小，果面茸毛退去，说明果实已坐稳。

2. 膨大期

从果实“退毛”至果实“定个”为止，需 10～20 d。此阶段果实生长迅速，体积急剧增大，达到最终体积的 3/4，但果实尚未成熟，果肉硬实，缺少芳香气味。

3. 成熟期

从果实“定个”至果实完全成熟，需 10 d 左右。主要是果实内部在进行变化，果实大小变化不大，但果皮色泽逐渐明显，可溶性糖含量迅速增加，果肉变甜变香，肉质脆化或软化。植株茎叶停止生长，并逐步衰老，易感染病害，是病害发生的高峰期，田间管理的水平将直接影响最终产量的形成和果实的品质。

第二节　生长发育对环境条件的要求

一、温度

香瓜是喜温植物，对温度的要求较高，对低温敏感，遇霜即死，生长适宜温度为 25～35℃，可忍受 40℃ 的高温。较大的昼夜温差有利于香瓜糖分的积累，白天

30℃左右、夜间15～20℃，地温18～20℃，对香瓜的生长最为有利。香瓜种子发芽的最低温度为15℃，最适温度为28～32℃；开花结果期适宜温度为30℃左右。

二、光照

香瓜喜强光，强光照有利于香瓜进行光合作用，能提高产量。叶片光合作用的饱和点为55 000 lx，光补偿点为4 000 lx。光照过强，容易在果实表面或者叶片表面产生日蚀，影响光合作用和果实发育。

三、湿度

香瓜比较耐旱，耐较高的空气湿度，忌涝。香瓜耐湿性较强，但过干或过湿会影响受精作用的正常进行。香瓜极不耐涝，土壤水分过高易造成其根系缺氧而窒息死亡。

四、土壤

香瓜根系较发达，对土壤含氧量敏感，需要充足的养分和氧气供应，可以在通透性较好的冲积沙土、富含有机质且疏松肥沃的壤土及沙壤土上进行栽培。沙地种植香瓜，发棵快、成熟早，但易早衰。香瓜栽培适宜的土壤pH为6～6.8，可以忍耐的最大总盐浓度为1.52%，有一定的耐弱碱能力。

第三节　香瓜主要栽培品种

一、玉金香

玉金香蜜瓜有淡淡的清香，果肉乳白细腻，甘甜可口，是由甘肃省河西瓜菜研究所田书沛育成的杂交一代甜瓜品种。该品种品质优良，生态适应性广，长势稳健，丰产潜力大。单瓜重0.8～1 kg，含糖量约为16%，高者可达19.5%。1995年获黄河流域9省区新技术、新产品博览会金奖，2000年在西北区西瓜甜瓜新品种展评中获优秀奖（甜瓜第1名）。因为其品质优及适应性广，已在全国各地推广种植。目前在甘肃、宁夏、陕西、云南、北京、吉林、广东、海南、广西、贵州、四川等省（自治区、直辖市）均有种植，累计种植面积超过1 330 hm^2。玉金香是我国首批航天搭载的甜瓜品种，具有耐低温，抗枯萎病、疫病和炭疽病，耐霜霉病和白粉病的特性。在华南地区播种至初收约 73 d,适宜春、秋季栽培,保护地也可以跨季节栽培。

二、银辉

银辉是广东省农科院育成的华南型香瓜一代杂交品种,其为梨瓜,早熟,生育强健,分枝性中,叶片厚而深绿。结果能力强,产量高。果实呈微球形或梨形,成熟时皮色为银白色,形色非常优美亮丽。果实 400 g 左右,大小整齐,不易裂果。肉色为淡白绿色,糖度为 14%～16%,肉质松爽细嫩,品质优良,生育日数约 70 d,成熟日数约 30 d。

该品种较抗枯萎病,耐霜霉病、炭疽病和疫病。田间表现为耐热性及耐涝性强,适合华南地区春、秋季栽培。

三、伊丽莎白

伊丽莎白甜瓜是河南郑州中原西甜瓜研究所从日本引进的早熟厚皮甜瓜新品种,该品种果实为圆球形,果皮为黄色,肉厚 3 cm 左右,含糖量约为 15%,单果重 800～1 100 g,果实从开花到成熟大约需要 30 d。伊丽莎白适应性广,易坐果,是我国目前大棚保护地种植面积最广的厚皮甜瓜品种。适宜早春、晚秋保护地栽培,小棚栽培密度为 1 500 株/亩(1 亩≈667 m^2),大棚栽培密度为 2 000 株/亩。植株生长势和分枝性强,叶片呈深绿色。春季从播种至始收约 85 d,秋季约 65 d,全生育期 69～95 d。春季第一雌花着生节位在 5.0～12.8 节。果肉细嫩,粗蛋白质含量约 6.6 g/kg,维生素 C 含量 135.7 mg/kg,可溶性固形物约 152 g/kg。植株抗枯萎病,而高感炭疽病和疫病。田间表现为耐热性、耐寒性与耐涝性强,耐旱性中等。

四、网纹香

网纹香是新疆兵团农六师农业科学研究所选育的优良香瓜一代杂交品种,该品种具有早熟、抗病、高产、优质的特性。植株长势旺,子蔓结瓜为主。瓜短圆形,长约 20 cm,横径 18.3 cm 左右,单瓜重约 830 g,瓜皮浅黄色,有网纹,果肉白色。瓜型规整,表面网纹微微凸起且无棱沟。果肉风味极佳,口感清香、甜脆,无苦味。

五、白兰瓜

白兰瓜又名兰州蜜瓜,原名华莱士,原产于美国。白兰瓜一般重量为 1.5～2 kg,皮厚瓜甜,汁丰肉嫩。白兰瓜是从美国引入中国的栽培种,后成为兰州的特产,以兰州市城关区青白石乡的产品最为有名。白兰瓜现已在全国各地广泛种植，该品种是一种厚皮甜瓜，其果实呈圆球状，每只重 1.5～2.5 kg。皮白且硬，阳面有淡黄色晕，瓤呈绿色，内腔小，含糖量高达 13%～16%，并富含钙、磷、铁及多种维生素，耐贮藏，易于储运。白兰瓜瓜肉翠绿，囊厚汁丰，脆而细嫩，享有“香如桂花，甜似蜂蜜”之誉。

白兰瓜为一年生匍匐或攀缘草本，茎、枝有棱，有黄褐色或白色的糙硬毛和疣状突起。卷须纤细，单一，被微柔毛。叶柄长 8～12 cm，具槽沟及短刚毛；叶片厚纸质，近圆形或肾形，长、宽均 8～15 cm，上面粗糙，被白色糙硬毛，背面沿脉密被糙硬毛，边缘不分裂或 3～7 浅裂，裂片先端圆钝，有锯齿，基部截形或具半圆形的弯缺，具掌状脉。花单性，雌雄同株。雄花：数朵簇生于叶腋；花梗纤细，长 0.5～2 cm，被柔毛；花萼筒狭钟形，密被白色长柔毛，长 6～8 mm，裂片近钻形，直立或开展，比筒部短；花冠黄色，长 2 cm，裂片卵状长圆形，急尖；雄蕊 3，花丝极短，药室折曲，药隔顶端引长；退化雌蕊长约 1 mm。雌花：单生，花梗粗糙，被柔毛；子房长椭圆形，密被长柔毛和长糙硬毛，花柱长 1～2 mm，柱头靠合，长约 2 mm。果实的形状、颜色因品种而异，通常为球形或长椭圆形，果皮平滑，有纵沟纹或斑纹，无刺状突起，果肉白色、黄色或绿色，有香甜味；种子污白色或黄白色，卵形或长圆形，先端尖，基部钝，表面光滑，无边缘；花果期夏季。

白兰瓜性喜干燥，适宜在干旱地区种植。兰州地处西北黄土高原中部，属于大陆性气候，雨量少，日照强，昼夜温差大，对于白兰瓜的生长和糖分积累十分有利。

成熟的白兰瓜呈圆球形，个头均匀，皮色白中泛黄，外形十分美观。切开后瓤口碧绿，肉厚汁多，脆而细嫩，清香扑鼻。

白兰瓜商品外观好，果实品质好。无苦味，口感脆嫩、多汁。白兰瓜耐低温、耐弱光能力强，对霜霉病、白粉病等黄瓜主要叶部病害的抗性强，亩产量可达 2 000～3 000 kg。

六、明珠 1 号甜瓜

明珠 1 号甜瓜植株长势中等，株型紧凑，属早中熟品种，适于设施栽培。春季栽培全生育期约 110 d，夏、秋季栽培约 80 d，容易坐果，果实发育期 35～40 d。果实呈圆形、白色、光皮，单果重约 1.5 kg，果肉白色，厚约 4 cm，腔小，肉质松软，清香，果中含可溶性固形物 16%以上，口感风味俱佳，耐贮运。明珠 1 号甜瓜丰产性好，耐湿、耐弱光，耐热性好，抗病性较强。该品种适合我国南方气候条件和栽培方式，主要适于大棚栽培，北方地区则适于日光温室和大拱棚栽培，干燥地区也可进行小拱棚或露地栽培。

南方地区可进行春季和夏秋季双季栽培。上海地区春季适宜播种期为2月初至3月初，夏秋季适宜播种期为7月下旬至8月上旬。

立架栽培时起高垄单行或双行栽培，单蔓或双蔓整枝，株距30～40 cm或40～50 cm，行距1.2 m左右，留瓜节位12～15节，每蔓留1果，株高1.7～2 m时摘心。

该品种主茎节间短，主侧蔓均可结果，亩产量约3 500 kg。

第四节　栽培季节

一、春茬设施栽培香瓜

春茬设施栽培香瓜在1月中下旬育苗，2月中下旬定植，3月下旬至4月上旬采收。

二、春茬露地栽培香瓜

春茬露地栽培香瓜在2月中旬至3月上旬育苗，3月上旬至3月下旬定植，4月中旬至5月中旬采收。

三、秋茬露地栽培香瓜

秋茬露地栽培香瓜在6月下旬至7月上旬播种，8月中旬至9月中旬采收。

第五节　栽培技术

一、培育壮苗

种子温汤浸种后，再用清水浸种6 h，洗净后用湿纱布包好，置于30℃的恒温箱中催芽，20 h即可出芽。育苗分为子叶苗和大苗两种，子叶苗可采用穴盘育苗，生产上以大苗效果更好，利用营养土(园土∶有机肥＝2∶1)的装钵进行培育，注意控制苗期温度，温度不宜超过30℃，否则雌花着生节位就会偏高，苗期20～30 d，真叶有2～3片时定植。

二、定植

（一）整地施肥

香瓜忌连作，连作会造成枯萎病发生严重，应实行 3 年以上轮作。土壤选择地势较高、灌溉条件方便的沙壤土，在上一茬作物收获后进行耕翻，耕深 30 cm 以上，每亩施入 2 500～3 000 kg 腐熟有机肥、过磷酸钙 20～30 kg 和草木灰 250～300 kg 作基肥，充分混匀后作畦。畦宽 120～150 cm，畦高 30 cm，平整畦面，覆盖黑白双面地膜。

（二）定植

当 10 cm 深最低地温稳定在 15℃以上时开始定植。双行种植，株距 50 cm，行距 100 cm，每亩定植 600～1 000 株。早春栽培宜采用“天地膜”方式，即在地膜基础上，栽培行上再搭建高 60 cm 左右的小拱棚进行保护栽培。

三、田间管理

（一）水肥管理

香瓜对水分反应较敏感，幼苗期需水量少，以蹲苗为主，定植后 5～7 d 浇一次缓苗水，此后注意控水，促进根系生长，待第 1 雌花坐果时恢复水分供应。追肥可分 3 次进行，苗肥 1 次，结合浇施缓苗水进行，用尿素 15 kg/亩，溶于水中浇施。抽蔓期追肥 1 次，用碳酸氢铵 15 kg/亩追施，坐果后用优质复合肥和硫酸钾各 20 kg/亩追施 1～2 次。有条件的农场可采用滴灌管道加大溶氧量的方式，辅助根部追施氧气，能够达到增产的效果。

（二）植株调整

1. 整枝摘心

香瓜生产多以子蔓与孙蔓结果为主。如图 2-1 所示，可采用“5 叶摘心法”，即在第 5 片真叶出现时摘除顶芽，保留其下部的 2～4 条子蔓进行生长，此后一般不再整枝。

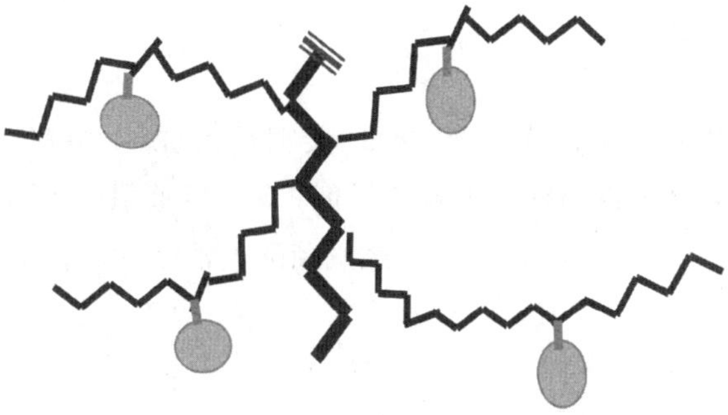

图 2-1　香瓜的整枝方式(5 叶摘心法)

2. 引蔓、疏花疏果

引蔓：将保留下来的子蔓在畦面上均匀引开，保证足够的生长空间。

疏花疏果：一般选留 6～9 节作为香瓜坐果节位，香瓜果实较小，每一株可留瓜 4～6 个，依据植株长势和留蔓情况增减。

3. 打顶、控梢

打项：设施栽培的香瓜待瓜蔓长至架顶时，可打去顶芽。

摘叶：待第 1 雌花坐果时，可将其下部的老叶摘除，增加下部的通风透气、透光，有利于提高下部叶片的光合作用，降低湿度，减少病害的发生，减少营养损耗，增加新瓜蔓生长量，同时避免瓜蔓徒长。

四、病虫害防治

（一）病害防治

香瓜生长期的环境温度高、湿度大，病虫害发生的种类多，危害也比较严重。香瓜主要的病害有霜霉病、白粉病、枯萎病、疫病等，以真菌类病害为主。在坐果期前后，将田间相对湿度控制在 60%以下，能够大幅度减少农药使用，有利于提高食品安全指标。在新疆等干燥地区，甜瓜全生育期农药使用成本低于 50 元/亩，而在华南地区的多数香瓜栽培基地，单个生育期农药使用成本超过 500 元/亩，这增加了食品安全风险，有关部门应当给予关注。香瓜霜霉病、白粉病可用 72.2%霜霉威水剂 1 500 倍液、70%甲基托布津 1 000 倍液、25%三唑酮可湿性粉剂 2 000 倍液或 25%嘧菌酯悬浮剂 1 500 倍液喷雾防治。枯萎病发病初期用 25%咪鲜胺乳油 800 倍液灌根防治。

（二）虫害防治

香瓜常见的虫害主要有黄守瓜、蚜虫、美洲斑潜蝇、瓜绢螟、瓜亮蓟马等，可用2.5%鱼藤酮乳油600倍液、5%氟虫晴悬浮剂1 500倍液、1.8%阿维菌素乳油3 000倍液、48%毒死蜱乳油1 000倍液、10%氯氰菊酯乳油3 000倍液等药液喷雾防治。

五、采收

香瓜的果实发育成熟较快，仅需20～30 d，应选择大小适宜、果面规整、光泽鲜艳，没有虫蛀或者病变部位的果实，在其发出浓郁芳香味时采收。香瓜果实中心含糖量（可溶性固形物）达到13%以上，采收宜早勿迟，避免影响后续坐果和果实发育，而且采收过迟的香瓜不耐贮存和运输，不利于销售。一般香瓜的产量可达1 000～1 500 kg/亩。

思考题

1. 简述香瓜的生物学特点。
2. 简述香瓜植株调整的内容。
3. 为什么香瓜在低温寡照天气条件下容易不坐果或者产生大量畸形果？

实训项目

实训项目二　香瓜的植株调整

一、实训目的

学习和掌握香瓜的植株调整方法，了解其对植株生长发育及香瓜果实的形成、产量和品质的影响。

二、材料与用具

1. 材料

香瓜植株。

2. 用具

竹竿、绳索、枝剪、水桶等。

三、方法与步骤

（一）搭架、引蔓

1. 将竹竿按要求的株距插入植株附近的土壤中，上部用竹竿横向固定成“人”字形，中部离地面约 1 m 处再横架一根竹竿，形成一个稳定的“人”字架。

2. 将瓜蔓引向竹竿，再用绳索将其固定在架子上。

（二）整枝、打杈、摘叶和打顶

1. 用枝剪将植株离地面 1 m 以下除主干外的其他侧枝全部剪除；保留主干与上部侧枝以进行生长。

2. 用枝剪将植株下部近地面的老叶、病叶全部剪除，提高下部的通风透光，减少病虫害生长，增强下部叶片的光合作用。

3. 植株主蔓生长至架顶、有 20～25 片真叶时摘除顶芽。

（三）疏花疏果

部分香瓜品种在同一节位上生长有 2～3 个瓜，必须及时摘除，每节宜只保留 1 瓜，避免因抢夺养分而造成化瓜。

四、作业

1. 写出实训报告，记录整个香瓜植株调整的过程。

2. 举例说明香瓜植株调整的作用和意义。

第三章

丝瓜栽培

丝瓜为一年生攀缘草本，属葫芦科丝瓜属。丝瓜起源于亚洲热带地区，主要分布于亚洲、大洋洲、非洲和美洲的热带和亚热带地区，全世界共有 8 种。在我国主要种植的有普通丝瓜和有棱丝瓜两个栽培种，普通丝瓜于 6 世纪初传入我国，在北宋时期已经普遍栽培，有棱丝瓜则在 19 世纪传入我国。

普通丝瓜又名水瓜、天萝瓜；有棱丝瓜又名棱角丝瓜。丝瓜以嫩果食用，是人们夏天常食用的一种蔬菜，它味道鲜美且营养丰富。除了食用价值外，丝瓜还具有药用价值，中医认为，丝瓜皮、丝瓜花、叶、藤、络、子、根均可药用。瓜花清热解毒；瓜皮可治疗疮；叶清热解毒、止咳化痰，外用可止血消炎；瓜藤通筋活络、镇咳祛痰；瓜络可治气血阻滞的胸肋疼痛、乳房肿痛等。

丝瓜在我国南北各地均有栽培，尤以长江流域及以南各地居多，而且近几年丝瓜在北方的栽培面积也逐年增加。在栽培区域和类型上，长江三角洲地区以栽培普通丝瓜为主，华南地区则主要栽培有棱丝瓜。

第一节　生物学特性

一、植物学特征

（一）根

丝瓜的根系比较发达，侧根多，分布深广，丝瓜的主根可入土 1 m 以上，根系大多分布在 30～50 cm 的耕层内，在土层深厚的土壤中，丝瓜根群分布宽度可达 50～60 cm，有些则可达 150～200 cm。根系再生能力强，茎节上易发生不定根，较耐涝，稍耐旱。

（二）茎

丝瓜的茎蔓生，5 棱，浓绿色，被茸毛，主茎长可达 5～10 m，分枝能力强。丝瓜的主茎一般只分生子蔓（一级侧枝），主蔓上着生的雌花较少，子蔓上着生的雌花较多。

（三）叶

丝瓜的叶片为单叶，掌状或心形，浓绿色，3～7 裂，普通丝瓜叶裂较有棱丝瓜深。叶腋间着生卷须，以缠绕他物。

（四）花

丝瓜雌雄异花同株，花腋生，花冠黄色，雄花为总状花序，雌花单生，子房下位。雌花数量较多，主蔓一般先发生雄花，后发生雌花，自第一朵雌花出现后，其后的每节都能着生雌花。主蔓发生第一雌花的节位受品种和气候条件的影响。子蔓着生雌花的节位比较早，也多连续发生雌花。丝瓜异花授粉，靠昆虫传粉。丝瓜的花一般在下午 4 点以后开放，黄昏时开放居多。

（五）果实

丝瓜果实呈短圆柱形至长棒形，绿色。普通丝瓜果皮粗糙，直或稍弯，长 15～30 cm，直径 5～8 cm，有数条墨绿色浅纵沟；有棱丝瓜果皮具皱纹，有 9～11 棱，棱绿色或墨绿色。丝瓜果实未成熟时肉质，成熟后干燥。一般嫩果面上着生有茸毛，果肉白色或淡绿白色。

（六）种子

丝瓜种子多呈黑色，近椭圆形，扁，种子着生于丝瓜络内。普通丝瓜种皮较薄，表面光滑或边缘狭翼状，千粒重为 100～120 g；有棱丝瓜种皮较厚，表面有皱纹，千粒重为 120～180 g。

二、生长发育周期

（一）发芽期

丝瓜从种子萌动到第 1 片真叶显露为发芽期，需 7～10 d。这个时期以种子内营养供应为主，需要充足的水分和氧气，宜保持疏松湿润的土壤环境。

（二）幼苗期

丝瓜从第1片真叶显露至第4～5片真叶展开为幼苗期，完成此时期需15～25 d。此时花芽已经开始分化，是产量形成的基础时期，要控制好栽培条件，为高产打下基础。

（三）抽蔓期

抽蔓期又称为伸蔓期，丝瓜从第4～5片真叶展开到第一朵雌花开放为伸蔓期，需15 d左右。这个时期节间迅速伸长，生长速度加快，根系生长范围不断扩展，这一时期是由营养生长向生殖生长转折的过渡期。栽培管理上宜促控并重，前期以促进生长为主，后期适当控制肥水，防止生长过旺，保证坐果，减少化瓜。

（四）开花结果期

丝瓜的开花结果期又可分为初花坐果期和盛果期，此时期持续时间较长，如管理得当可以持续50～70 d或更长。从第一朵雌花开放到根瓜采收，为初花坐果期，需10～15 d；根瓜采收后，丝瓜即进入盛果期。这个时期生长量较大，需要大量的水肥，生产上要给予充分的肥水，注意病虫害防治，尽量延长结果期，防止早衰。

第二节　生长发育对环境条件的要求

一、温度

丝瓜是喜温蔬菜，当气温在24～29℃时，果实生长速度最快，平均日生长量为3 cm。丝瓜各生育期所需积温：播种至出苗为90～130℃，出苗至1叶期为120～150℃，1叶期至3叶期为150～210℃，果实形成至采收期为300～350℃。在适宜的温度范围内，气温越高，丝瓜各个生育期的生长进程越快，但气温过高或过低均会使生长期延长。

二、光照

丝瓜为短日照植物，对日照长短非常敏感，子叶展开后开始对日照长短发生感应。长日照会延迟雌花发生；短日照能提早雌花发生，增加雌花数量，提高雌/雄花比率，且短日照处理的天数越多，这些效应越明显。有研究表明，光周期是影响丝瓜发育迟早的主导因素，而温度高低对丝瓜发育的影响则因日照长短而不同。不同种或品种的丝瓜对短日照的反应有所差异。阳光充足、光照较强时，丝瓜生长、坐果和果实发育良好，普通丝瓜对弱光照的适应性较好。

三、湿度

丝瓜具有较强的耐湿性，不耐干旱，土壤相对含水量在65%～85%时最适宜丝瓜生长。丝瓜生长需要较高的空气湿度，旺盛生长时期所需的空气湿度不能低于55%，适宜空气湿度为75%～85%，当空气湿度短时间达到饱和时仍能正常生长。因丝瓜本身对日照的需求较强，连续的阴雨天气会严重影响丝瓜雌花的形成，而我国南方部分地区常出现连阴天气，在选取种植区域时，需要充分考虑丝瓜对日照时间的需求而选择种植期内阴雨天气较少的地区。

四、气体

正常情况下，空气中的氧气含量完全可以满足丝瓜进行呼吸作用的要求，而空气中的二氧化碳含量却远低于丝瓜光合作用的需要。丝瓜进行光合作用的二氧化碳浓度饱和点约为0.1%，而大气中的二氧化碳浓度仅为0.03%左右，设施内二氧化碳浓度更低。因此，在设施栽培丝瓜时，可以通过施用二氧化碳来增加产量。

五、土壤

丝瓜对土壤的适应性较强，对土壤条件没有严格要求。但以在土层深厚、土质疏松、有机质含量高、肥力强、通气性良好的土壤中栽培最好。丝瓜的生长周期长，需肥量较大，特别在开花结瓜盛期，对钾肥、磷肥需求量更大。因此，丝瓜栽培中要多施有机肥、磷肥、钾肥做基肥，但氮肥不宜施用过多，以防植株徒长、延迟开花结瓜和化瓜。

第三节　主要栽培品种

一、夏绿3号

夏绿3号是广州市农业科学研究所选育的杂交一代有棱丝瓜新品种，具有耐长日照、耐贮运、高抗疫病、抗枯萎病、抗霜霉病等特点。瓜长 55～60 cm、横径 4.5～5 cm，单瓜重 400～500 g，头尾均匀，皮色嫩绿，棱色墨绿。

二、白沙夏优 3 号

白沙夏优 3 号是汕头市白沙蔬菜原种研究所选育的杂交一代有棱丝瓜品种，其植株生长势和分枝性强，叶片掌状、五裂、绿色，雌花着生于主蔓第 12～18 节，坐果率高；早熟，春播播种至初收约 60 d、秋播约 40 d；瓜短棍棒形、匀称，瓜长约 38 cm、横径约 5 cm，单瓜重约 320 g，皮色翠绿，棱线墨绿，肉质脆嫩、味甜化渣，品质优；雌性花多，坐果能力强。高抗疫病，中抗枯萎病。

三、广西 118

广西 118 是广西农科院蔬菜研究中心选育的有棱丝瓜，其生长势旺，分枝力强，蔓生茎上节间有深绿色斑纹，叶片大，深绿色，掌状深裂，主蔓结瓜为主。瓜长棒形，长 60～70 cm、横径约 5 cm，皮色青绿，棱线墨绿色，单瓜重 400～450 g，早熟，较耐霜霉病。瓜肉质脆，味甜，适宜春秋栽培。

四、丰棱一号

丰棱一号是广西农科院蔬菜研究中心选育的有棱丝瓜，其生长势旺，分枝力中等，蔓生，茎上节间有深绿色斑纹，叶深绿色，掌状深裂，主蔓结瓜为主。瓜长棒形，长 50～60 cm、横径 5.5～6.5 cm，皮色青绿，棱线墨绿色，单瓜重 400～450 g。早熟、耐热、耐霜霉病及疫病。瓜肉质脆，味甜。

五、雅绿一号

雅绿一号是广东省农科院蔬菜研究所育成的有棱丝瓜一代杂交品种，其生长势强、耐热、抗病性好；瓜呈长棒形，头尾匀称，长约 60 cm、横径约 5 cm，单瓜重 350 g，皮色深绿，棱色墨绿；肉白色，肉质柔软，品质优；早熟，第一雌花节位低，适播期为 3—8 月份；春植播种至初收需 50 d，夏秋植需 40 d。

六、广西一号

广西一号是广西农科院蔬菜研究中心选育的丝瓜品种，其生长势旺，分枝力强，蔓生茎上节间有深绿色斑纹，叶深绿色，掌状深裂，主蔓结瓜为主。瓜长棒形，长 40～50 cm，横径 6～6.5 cm，皮色青绿，头尾均匀，单瓜重 300～400 g，早熟、耐热、耐霜霉病及疫病。瓜肉质脆，味甜。

七、万宝

万宝是华南农业大学园艺种苗开发中心育成的早中熟丝瓜品种，播种至初收期约 60 d，苗势强，坐果性好，瓜条匀称，棱沟浅，瓜长 60 cm、横茎 5 cm，适合夏秋种植。

第四节　栽培季节

南方地区进行丝瓜种植，在播种时期上以每年的 12 月份至翌年的 8 月份为宜。9 月份之后播种，虽然丝瓜的雌花发生更早、更多，但在生育后期，由于温度降低，丝瓜自身生长趋于缓慢，且易受到低温的影响而降低产量和质量。

一、冬春茬栽培丝瓜

冬春茬栽培丝瓜，于每年的 12 月份至翌年 3 月份保护地育苗，3 月份之后可陆续采收。

二、夏秋茬栽培丝瓜

夏秋茬栽培丝瓜，在 7 月份至 8 月份进行育苗，9 月份可陆续采收。

第五节　栽培技术

一、培育无病壮苗

（一）品种选择

春播特别是早春播种，应选择在低温短日照条件下不易发生雌花的品种；夏秋播应选择对日照要求不严格、雌花发生早的品种。同时，选用的品种要优质、高产、抗病虫、抗逆性强、适应性强、商品性好。

（二）种子消毒

用1%高锰酸钾溶液或5%磷酸三钠浸种15 min，再用清水洗净，可杀死种子表面的病菌。

（三）浸种催芽

将经过消毒的种子放入25℃的温水中浸泡5～6 h，用清水洗掉种子表面的黏液，然后用湿纱布包好放在30℃的条件下催芽，90%的种子露白后即可播种。

（四）播种育苗

将露白的种子播入装有基质的育苗穴盘中，种子平放，并保持种子幼芽的芽尖朝下，播种的深度以2 cm左右为宜。整个育苗过程以15 d左右为宜。育苗基质可以选用专用的瓜类育苗基质或草碳∶蛭石=3∶1的混合基质，加入适量的腐熟鸡粪肥，或用园土∶有机肥=2∶1的营养土培育。瓜苗长至“三叶一心”时即可定植。

二、定植

（一）整地施肥

丝瓜作畦方式如图3-1所示，土壤要深翻，耕深30 cm以上，土壤晒白后起畦，畦高35 cm，宽120～150 cm，以东西走向为佳，以保证每畦都有足够的阳光。起畦时施足基肥，每亩施入5 000 kg腐熟有机肥、30 kg复合肥作基肥。

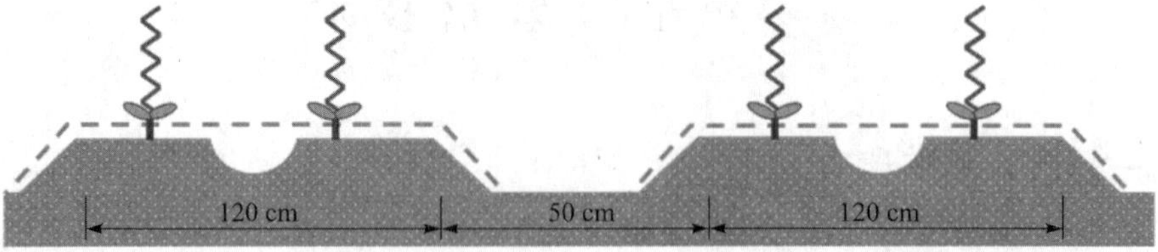

图3-1　丝瓜作畦方式与定植

（二）定植

当瓜苗长至“三叶一心”时，选择晴天下午进行定植。每畦栽2行，株距40～50 cm

(图 3-1),每亩植 2 000 株。定植后浇足定根水,次日上午再浇水 1 次。活棵后及早查苗补缺,力求全苗、匀苗。

三、田间管理

(一)肥水管理

丝瓜虽然较耐贫瘠,但在肥水充足的条件下,生长健壮,根深叶茂,花果多,瓜条粗直。所以栽培丝瓜除施足基肥外,在定植后浇定根水时可少量施肥,以促进缓苗生长。丝瓜的整个栽培过程中,其追肥次数和追肥量应比其他瓜类多。实际栽培中,每收获 1～2 次瓜,就必须追肥一次,每次可穴施硫酸铵或尿素 20 kg/亩,也可施入氮磷钾复合肥料 20 kg/亩。施肥后应及时浇水。丝瓜还可结合打药等进行叶面施肥,如喷施 0.4%尿素溶液等。

(二)中耕除草和培土

丝瓜在搭架前,可进行一次适度中耕,以清除杂草,疏松土壤。搭架后视杂草发生及土壤板结情况,适当进行浅中耕,每次中耕除草应结合培土,以免根系外露,当蔓叶布满棚架后不再松土。

(三)植株调整

1. 搭架引蔓

当蔓长 50 cm 时,应及时搭架引蔓,使其均匀分布,以"之"字形方式引蔓为佳,夏植则当有雌花现蕾时方引蔓上竹。搭架的方式应根据具体情况而定,一般蔓长、生长旺、分枝力强且当地适宜生长的时间较长的品种以搭棚架为好(如平棚架、半拱圆形棚架等)。生长势弱、蔓较短且当地适宜生长的时间较短的早熟品种,以搭"人"字架为宜。在丝瓜茎蔓上架之前,要注意随时摘除侧芽;引蔓时可根据植株的生长情况,结合"之"字形引蔓,使植株的茎蔓分布均匀,生长点处于同一水平。

2. 整枝、落蔓

采收期隔天将已挂果采收的植株部分向下牵引,使植株尾部保持向上生长。当瓜仔被枝蔓、叶、须等阻挡、缠绕不能自然下垂时,易变弯或畸形而影响其商品性,需进行吊瓜,一般吊瓜在成瓜后 2～3 d 进行。应及时摘除病、老、黄、过密的叶片和过多的雄花以及畸形瓜、僵化瓜、病虫瓜等，保证植株下部通风透光，以减少病源和营养的消耗。

四、病虫害防治

（一）病害防治

丝瓜的主要病害有霜霉病、白粉病、病毒病等。霜霉病可用72.2%普力克水剂800倍液、70%瑞毒霉可湿性粉剂500倍液等防治，隔7～10 d喷1次。白粉病可用40%灭病威悬浮液500倍液、25%粉锈宁可湿性粉剂1 000倍液、40%福星乳油8 000倍液等加以防治。病毒病可用病毒通500倍液、1.5%植病灵1 000倍液防治。在施药的同时，要及时清除患病的瓜叶，防止病菌扩散。

（二）虫害防治

丝瓜常见的虫害主要有蚜虫、黄守瓜、瓜实蝇、美洲斑潜蝇等。蚜虫可用吡虫啉、吡虫酮或是艾美乐水分散粒剂进行防治。黄守瓜的防治可将乐斯本乳油或溴氰菊酯乳油进行1 500倍稀释之后喷洒，也可用黄板进行诱杀。瓜实蝇可用瓜实蝇性诱剂防治，同时要及时摘除被害瓜并用喷雾处理或深埋。美洲斑潜蝇可用40.7%乐斯本1 000倍液、1.8%爱福丁乳油3 000倍液、10%高效大功臣可湿性粉剂2 000倍液喷雾防治。

五、采收

丝瓜从开花至商品成熟一般需10～12 d，高温时可缩短至1周左右，过期不采收容易纤维化而影响其商品性。当果梗变光滑，瓜皮颜色变为深绿色，果面茸毛减少，用手触果皮有柔软感，即可采收。棱角丝瓜更易老化，一般采收期要比普通丝瓜提前1～2 d。丝瓜在肥水不足时，果实易老，应适当提早采收；而肥水充足时，可适当推迟采收。

思考题

1. 简述我国丝瓜品种资源的分布情况。
2. 简述丝瓜对肥料要求的特点。
3. 简述光照对丝瓜生长发育的影响。

实训项目

实训项目三 丝瓜的搭架引蔓

一、实训目的

学习和掌握搭“人”字形瓜架的方法，并掌握丝瓜的引蔓方法。

二、材料与用具

1. 材料

蔓长 50 cm 左右的丝瓜苗。

2. 用具

竹竿、绳索、枝剪、水桶等。

三、方法与步骤

1. 搭架

用长约 2 m 的竹竿，按照丝瓜的株距，以双行单株跨畦的方式搭一排“人”字形的架子，竹竿要竖着插入土壤深处，上部用竹竿横向固定起来，“人”字架两边中部离地面约 1 m 处再横架一根竹竿，形成一个稳定的“人”字架。

2. 引蔓

引蔓前摘除侧芽，将瓜蔓引向竹竿，再用绳索将其固定在架子上。绑蔓时，把丝瓜秧的生长点先向右斜拉，使其排列整齐，生长点保持高低一致，生长一段时间后，将植株向左斜拉，使其在架上来回斜着攀缘上长，使蔓形成“之”字形分布。

四、作业

1. 写出实训报告，记录搭架引蔓过程。

2. 思考为什么引蔓要采用“之”字形。

第四章

华南黄瓜栽培

华南黄瓜属葫芦科一年生蔓生植物，果实成熟时，表皮颜色为金黄色，故称黄瓜，而对应的华北黄瓜，果皮为青绿色，又称为青瓜。华南黄瓜耐热性较强，较耐弱光，在短日照条件下能正常开花；茎叶较繁茂，叶片较厚，根系较强；果实粗而短，果面光滑，呈圆柱形，果皮较坚硬，无刺瘤，晚熟。嫩瓜有绿、绿白和黄白色，味鲜，带甜味，水分多，富含糖类、多种氨基酸、胡萝卜素、矿物质（钙，磷、铁等）以及丙醇二酸、黄瓜酶等活性物质。华南黄瓜以生食为主，也可用于烹饪，是蔬菜水果兼用的作物，广西钦防一带喜欢将其腌制做成“瓜皮”，脆咸爽口，极受欢迎。适合华南黄瓜栽培的区域主要是华南种植区（广东、广西、海南、福建、云南等地），可露地栽培，也适合于大棚等设施春、秋两季栽培。

第一节　生物学特性

一、植物学特征

（一）根

华南黄瓜根系比较发达，主要根群分布在 20～30 cm 的耕作层，以水平分布为主，吸收能力较强、但易木栓化、再生能力弱，育苗时应注意护根。

（二）茎

华南黄瓜的茎表面有刚毛，蔓性，前 5 节为直立生长，第 6 节后开始抽蔓，节间长 10～15 cm，叶腋着生有侧枝、卷须、雌花及雄花，侧枝生长极其茂盛，需要及时整枝。

（三）叶

华南黄瓜叶片大、较厚、呈掌状，单叶互生，叶缘有细锯齿，被细茸毛。叶缘多水孔，早晨吐水明显，易被多种病菌感染。

（四）花

华南黄瓜是典型的雌雄同株异花。雄花呈簇生状，从第 6 节开始着生，每节均发生；雌花单生为主，一般间隔 4～6 节发生 1 朵，虫媒花，异花授粉，单性结实能力较低。通常上午 7 点左右开花，午后谢花，花期较短。

（五）果实

果实为假果，是子房下陷于花托中，由子房与花托合并发育而成的。果实呈圆筒形，果面光滑，具光泽，嫩瓜有绿、绿白、黄白色等，成熟时为金黄色。瓜长 20～25 cm，瓜粗 3～4 cm，果实生长快，从开花至采收果实，嫩瓜仅需要 5～7 d，超过 8 d，果实还可以继续膨大，但果皮开始硬化，食用口感不佳。

二、生长发育周期

（一）发芽期

华南黄瓜从种子萌发至 2 片子叶展开、真叶显露为发芽期，需 5～7 d。这个时期以种子内营养供应为主，需要充足的水分和氧气，宜保持疏松湿润的土壤环境。

（二）幼苗期

华南黄瓜从真叶显露至第 4 片真叶展开为幼苗期，需 20～25 d。植株呈直立生长，内部进行花芽分化，是产量形成的基础，适当施入腐熟有机肥（或菇渣等），可以增加根、茎、叶的生长量，使植株生长健壮，可以有效地提高早期的产量。

（三）抽蔓期

华南黄瓜从第 5 片真叶展开至第 1 雌花坐果为抽蔓期，约为 15 d。这个时期节间迅速伸长，生长速度加快，根系生长范围不断扩大，营养生长与生殖生长同时进行，侧枝大量发生。栽培管理上宜促控并重，前期以促进生长为主，后期适当控制肥水，防止生长过旺，保证坐果，减少化瓜。

（四）开花结果期

华南黄瓜从第1雌花坐果至生长结束为结果期，需50～60 d。这个时期的生长量占总生长量80%以上，需要大量水肥，开花结果期的长短直接影响到产量的高低，生产上需要加强环境调控、水肥管理与病虫害防治，尽量延长结果期，防止植株早衰、减少化瓜与畸形瓜。

第二节　生长发育对环境条件的要求

一、温度

华南黄瓜比普通黄瓜更耐高温，但不耐低温。生长发育适宜的温度范围为15～30℃，白天适宜的温度为28～32℃，夜间为15～20℃；种子发芽温度为25～30℃，低于20℃时发芽缓慢，高于35℃时发芽率显著降低；幼苗期白天适温为25～28℃，夜间为15～20℃；开花结果期白天适温为25～29℃，夜间为18～22℃，高于30℃时还可以正常生长，但超过35℃时光合作用与呼吸作用的平衡会受到破坏。地温要求在15℃以上，以20～23℃较为适宜，低于15℃时根系生长缓慢，长时间低于10℃时容易发生沤根。

二、光照

华南黄瓜喜强光，也较耐弱光，适合于露地生产，也可以进行设施栽培。叶片光合作用的饱和点为60 klx，光补偿点为1.5 klx，适宜的光照强度为40～50 klx，光照强有利于光合作用及提高产量，光照不足会降低产量和品质。

三、湿度

华南黄瓜水分含量高，叶片大、蒸腾量也大，要求较高的空气湿度和土壤湿度，耐湿性很强。适合其生长的空气相对湿度为50%～90%，适宜的土壤相对湿度为80%～90%，生长盛期对湿度要求较高，苗期略低一些，也要求控制在60%～70%。

四、气体

华南黄瓜光合作用旺盛，需要较高的二氧化碳浓度。华南黄瓜的光合作用二氧化碳饱和度为0.1%～1%，正常空气中二氧化碳浓度仅为0.03%，设施内二氧化碳浓度更低，可以通过施用二氧化碳的方法来提高产量。

五、土壤

华南黄瓜根系较发达，吸收能力强，产量高，需要充足的养分供应，可以在富含有机质的疏松肥沃的壤土及沙壤土上进行栽培。在营养元素吸收上，以钾最多，氮次之，磷最少，钾、氮、磷的比例约为4∶2∶1，此外，应注意缺钙易引起畸形瓜和花打顶现象。华南黄瓜生长适宜的pH为5.5～7.2，最大总盐浓度为0.05%，过高会造成烧根。

第三节　主要栽培品种

一、早青二号

早青二号是广东省农科院蔬菜所育成的华南型黄瓜一代杂交品种，生长势强，主蔓结瓜，雌花多。瓜圆筒形，皮色深绿，瓜长约21 cm，多销往我国香港特别行政区和澳门特别行政区。其具有耐低温，抗枯萎病、疫病和炭疽病，耐霜霉病和白粉病的特性。播种至初收约53 d，适宜春、秋季栽培。

二、力丰

力丰是广东省农科院蔬菜所育成的华南型黄瓜一代杂交品种，植株生长势强，分枝性适中，叶片厚而深绿。瓜短圆筒形，皮色绿带网纹，绿肩。瓜长约23 cm，横径约5.5 cm，肉厚1.4 cm，单瓜重约500 g。肉脆，风味清香。春季从播种至初收约58 d，秋季约37 d，全生育期69～90 d。高抗枯萎病，耐霜霉病、炭疽病和疫病。田间表现耐热性及耐涝性强，适合春、秋季华南地区栽培种植。

三、农家宝908

农家宝908是揭阳市农业科学研究所育成的华南型黄瓜一代杂交品种，植株生长势和分枝性强，叶片深绿色。春季从播种至始收 60 d，秋季 45 d，全生育期 69～95 d，春季种植时第一雌花着生节位于 5.0～12.8 节。瓜短圆筒形，黄绿色，瘤大，刺疏、白色。瓜长 24.7～25.3 cm，横径 5.00～5.50 cm，肉厚 1.37～1.45 cm，单瓜重 427.8～453.3 g。肉脆，粗蛋白质含量为 6.6g/kg，维生素 C 含量为135.7 mg/kg，可溶性固形物含量为 32 g/kg。高抗枯萎病，高感炭疽病和疫病。其田间表现为耐热性、耐寒性与耐涝性强，耐旱性中等。

四、中农 106

中农 106 是中国农科院蔬菜花卉研究所最新推出的黄瓜新品种。该品种中熟，以主蔓结瓜为主，植株生长势强。瓜色深绿，瓜长 35 cm 左右，刺瘤密、白刺、瘤小、无棱、少纹，口感脆甜，瓜条商品率高，品质佳，丰产性好。能抗霜霉病、白粉病、病毒病等病害。耐热，适宜华南地区春、夏、秋季露地栽培。

五、翠龙

翠龙是青岛市农业科学研究院华南型黄瓜一代杂交品种，该品种强雌性、早熟、抗病、高产。植株长势旺，主蔓结瓜为主。瓜短圆筒形，长约 20 cm，横径3.3 cm 左右，单瓜重约 130 g，瓜皮浅绿色，有光泽，果肉嫩绿。瓜条顺直，青刺瘤少而小，表面光滑无棱沟，风味极佳，口感清香、甜脆、无苦味。

六、川绿 11 号

川绿 11 号是四川省农业科学院园艺研究所华南型黄瓜一代杂交品种。植株长势较强，叶片较大，色深绿，茎粗壮，节间较短，无限生长型，第一雌花着生于第 3～4 节，雌花率 95％以上，强雌性；以主蔓结瓜为主，早熟，早春播种至始收 55 d 左右，瓜色浅绿色覆绿色条纹，刺瘤中等大小、稀少，白刺。瓜长 22～25 cm，横径 3.5～4.1 cm，单瓜质量 200～300 g，瓜条顺直，近圆筒形，商品外观好，果实品质好，无苦味，口感脆嫩、汁多。耐低温、耐弱光能力强，对霜霉病、白粉病等黄瓜主要叶部病害的抗性强。亩产量 3 000～5 000 kg。

七、鄂黄瓜 1 号

鄂黄瓜 1 号是湖北省黄石市农业局蔬菜科研所培育成功的早熟、耐寒黄瓜杂交新品种。植株主茎节间短，主侧蔓均可结果，外形为圆柱形，瓜长 30～50 cm，横径约 5 cm，瓜把短粗，果皮为绿白色，浅棱少刺，平均单瓜重 300 g，果肉较厚、口感好，味浓质脆，亩产量约 5 000 kg。

第四节　栽培季节

一、春茬设施栽培华南黄瓜

春茬设施栽培华南黄瓜在 1 月上中旬育苗，2 月中下旬定植，3 月上旬至 4 月下旬采收。

二、春茬露地栽培华南黄瓜

春茬露地栽培华南黄瓜在 2 月下旬至 3 月上旬育苗，3 月上旬至 3 月下旬定植，4 月上旬至 6 月上旬采收。

三、夏茬露地栽培华南黄瓜

夏茬露地栽培华南黄瓜在 4 月下旬至 6 月上旬播种，直播，6 月上旬至 9 月上旬采收。

第五节　栽培技术

一、培育壮苗

华南黄瓜育苗时宜采取精量播种，一次成苗。种子温汤浸种后，置于 30℃的恒温箱中催芽，2 d 后，待芽长有 0.2～0.3 cm 时播种，可采用穴盘育苗，基质为草碳∶蛭石＝3∶1 的混合基质，加入适量的腐熟鸡粪肥或园土∶有机肥＝2∶1 的营养土装钵进行培育，苗期 20～25 d，真叶有 2～3 片时定植。

二、定植

（一）整地施肥

全园耕翻，耕深 30 cm 以上，每亩施入 5 000 kg 腐熟有机肥作基肥，充分混匀后作畦。畦宽 90～100 cm，畦高 30 cm，中央沟施 50 kg 优质三元复合肥，平整畦面，覆盖黑白双面地膜。

（二）定植

10 cm 深最低地温稳定在 15℃以上时定植。双行种植，株距 40 cm，行距 80 cm，每亩定植 2 500～3 000 株（图 4-1）。选择在晴天上午或傍晚时候，按要求的株行距在地膜上破开小洞，将黄瓜杯苗放入洞内，填土略微压紧，浇足定根水，埋土高度为子叶下方 3～5 cm，注意幼苗不能歪倒，防止接触地膜造成烧苗。

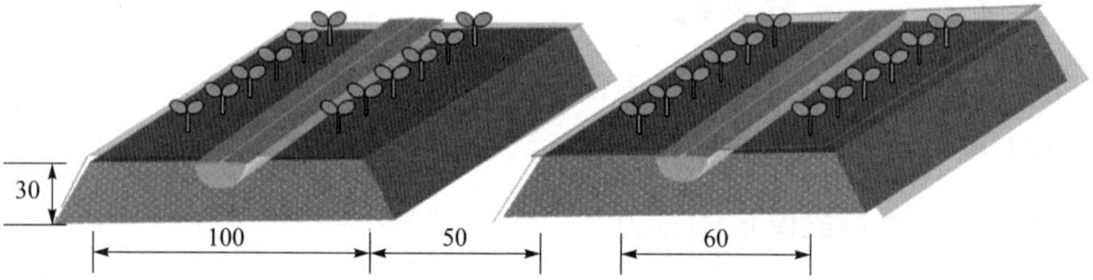

图 4-1　华南黄瓜的栽培模式（单位：cm）

三、田间管理

（一）温度管理

缓苗期：白天 25～30℃，夜间不低于 18℃；缓苗期后，白天保持 28～32℃，夜间温度 15～20℃，春季种植要注意低温的影响，防止沤根。

（二）水肥管理

定植后 5～7 d 浇一次缓苗水，此后注意控水，促进根系生长；待第 1 雌花坐果时恢复水分供应，华南黄瓜耐涝，可直接灌水入畦沟，保持 10 cm 深的水层。追肥可用硝酸铵或复合肥 15～20 kg/亩，放入沟口溶于水中，结合灌水施入，每 10 d 施肥一次。结果盛期还可叶面追肥，用 0.3%磷酸二氢钾喷施，每 7 d 一次。设施栽培时可进行二氧化碳施肥：生长盛期在晴天上午施二氧化碳，浓度为 800～1 500 μL/L，温度和湿度均须正常管理，防止生长过旺。

（三）植株调整

1. 搭架

用竹竿在华南黄瓜栽培行上方搭成“人”字架，在黄瓜生长期间，将瓜蔓不断引向竹架并均匀铺开。

2. 整枝、摘叶、疏花疏果

整枝：华南黄瓜大多品种主侧蔓生长势都很强，可选留2～3条侧蔓与主蔓共同生长，也可仅留主蔓进行生长，其余侧枝全部摘除。

摘叶：待第1雌花坐果时，可将其下部的老叶摘除，增加下部的通风透气、透光，有利于提高下部叶片的光合作用，降低湿度，减少病害的发生。

疏花疏果：部分品种华南黄瓜在同一节位上生长有2～3个瓜，必须及时摘除，每节宜只保留1个瓜，防止因抢夺养分而造成化瓜。

3. 落蔓、盘蔓

设施栽培的华南黄瓜待瓜蔓长至架顶时，可打去顶芽，也可及时采收下部果实，将铁钩上绳索上解开连蔓一起放下，并将其盘在下部设置的铁架上，盘绕架上的茎蔓可摘除掉上面的老病叶，减少营养损耗和病害传播，一般生长过程中需要落蔓2～3次。

四、病虫害防治

（一）病害防治

华南黄瓜生长期温度高、湿度大，病虫害发生的种类多，危害比较严重。华南黄瓜的病害主要有霜霉病、白粉病、细菌性角斑病、病毒病、枯萎病、疫病等，以真菌类病害为主，影响其发生的主要因素是高湿。因此，病害防治上应首先控制好设施内的湿度，再用药剂进行防治。霜霉病、白粉病可用30％百菌清烟剂或15％三唑酮烟剂11.5～13.5 kg/hm^3 熏蒸，能有效控制病害的扩展蔓延。细菌性角斑病可用2 000倍可杀得粉剂防治，病毒病可用吗胍・乙酸铜（病毒A）、病毒清等药剂控制。

（二）虫害防治

华南黄瓜的虫害主要有蚜虫、温室白粉虱、红蜘蛛、美洲斑潜蝇、瓜绢螟等，可用10%吡虫啉可湿性粉剂2 000倍液、1.8%阿维菌素乳油3 000倍液、48%毒死蜱乳油1 000倍液、10%氯氰菊酯乳油3 000倍液等药液喷施防治。

五、采收

华南黄瓜的果实生长速度快，从开花至嫩果形成，仅需5～7 d，采收标准是瓜条大小适宜，果面平滑、光泽鲜艳，花冠在果实末端尚存；宜小勿大，以避免果皮变硬，降低商品性，一般华南黄瓜的产量可达4 000～6 000 kg/亩。

思考题

1. 简述华南黄瓜的生物学特点。
2. 简述华南黄瓜植株调整的内容。
3. 为什么华南黄瓜靠近果蒂部分的果肉有苦味？

实训项目

实训项目四　华南黄瓜的植株调整

一、实训目的

学习和掌握华南黄瓜的植株调整方法，了解其对植株生育和产品器官的形成、产量和品质的影响。

二、材料与用具

1. 材料

华南黄瓜植株。

2. 用具

竹竿、绳索、枝剪、水桶等。

三、方法与步骤

（一）搭架、引蔓

1. 将竹竿按黄瓜的株距插入植株附近土壤，上部用竹竿横向固定，呈“人”字形，中部离地面高约 1 m 处再横架一根竹竿，形成一个稳定的“人”字架”。

2. 将瓜蔓引向竹竿，再用绳索将其固定在架子上。

（二）整枝、打杈、摘叶和打顶

1. 用枝剪将植株离地面 1 m 以下除主干外的其他侧枝全部剪除；保留主干与上部侧枝进行生长。

2. 用枝剪将植株近地面的下部老叶、病叶全部剪除，提高下部的通风透光，减少病虫害生长，增强下部叶片的光合作用。

3. 植株主蔓生长至架顶，有 20～25 片真叶时摘除顶芽。

（三）疏花疏果

部分品种的华南黄瓜在同一节位上生长有 2～3 个瓜，必须及时摘除，每节宜只保留 1 个瓜，减少因抢夺养分而造成化瓜。

四、作业

1. 写出实训报告，记录整个华南黄瓜植株调整的过程。

2. 举例说明黄瓜植株调整的作用与意义。

第五章

樱桃番茄栽培

樱桃番茄又称袖珍番茄、迷你番茄、小番茄、圣女果等，属于茄科番茄属的一年生草本植物，因其果实貌似“樱桃”而得名（图5-1）。樱桃番茄是多汁浆果，具有生津止渴、健胃消食、清热解毒、凉血平肝、补血养血和增进食欲的功效。其维生素含量比普通番茄高，还含有谷胱甘肽和番茄红素等防癌抗癌物质，深受广大消费者青睐，被联合国粮农组织列为优先推广的果蔬之一。樱桃番茄起源于南美洲的秘鲁、厄瓜多尔、玻利维亚一带，因樱桃番茄有特殊味道，历史上曾作为观赏性植物进行栽培，大约从20世纪30年代末开始作为蔬菜种植并供应市场。

第一节　生物学特性

一、植物学特征

（一）根

樱桃番茄的根为直根系，由主根、侧根和不定根组成。主根深1 m以上，侧根发达，主要分布在地表下30 cm左右。根再生能力很强，茎基部和平卧在地上的茎部都会产生大量的不定根。

（二）茎

樱桃番茄的茎木质化程度不高，半蔓生或直立型，茎上长满毛和腺毛，腺毛能分泌出一种有特殊气味的分泌物，茎节上随时能长出不定根。叶腋内有腋芽，可萌发成枝。因顶端形成花序的情况不同，可分为有限生长型和无限生长型两类。

（三）叶

樱桃番茄具有深缺刻与深裂的单叶，着生于茎上，内含叶绿素，是制造营养的器官，由1枚顶生裂片、3～4对侧生裂片组成，覆盖着茸毛。因品种不同，叶的形态可分为普通叶型、皱缩叶型和马铃薯叶型。

（四）花

樱桃番茄具完全花，由花梗、花萼、花瓣、雄蕊和雌蕊组成。花黄色，一般花萼为绿色，花梗着生于花序上，大多数品种于花梗上产生突起的节，果实成熟阶段形成离层。雄蕊的花丝很短，不易看出，花药6枚左右，联结成筒状，包围着雌蕊。雌蕊由胚珠、子房、花柱和柱头组成，子房位于花柱底部。

（五）果实

樱桃番茄果实是由子房发育成的多汁浆果（图5 1），由果肉和果心组成，果皮由外、中、内3层组成，中果皮是主要的食用部分，一般有2～3个心室。果实的形状多种多样，有扁圆形、圆形、高圆形、长圆形、枣形、梨形等；果色有红色、粉色、黄色、绿色和黑色等。番茄果实的成熟期可根据果实颜色不同分为绿熟期、转色期、成熟期和完熟期。

图5-1　樱桃番茄果实

（六）种子

樱桃番茄种子呈扁平短卵形或心形，表面有短而粗的灰褐色茸毛或黄褐色茸毛，千粒重为3 g左右，由种皮、胚和胚乳组成，寿命较长，普通贮存2～3年，密闭贮存10年后仍有相当高的发芽率。

二、生长发育周期

（一）发芽期和子叶期

樱桃番茄从种子发芽至第1片真叶出现为发芽期，一般需7～9 d，植物在该阶段主要靠种子贮存的营养物质生长，需要控制好温度、水分和氧气。

樱桃番茄子叶展开至真叶出现可称为子叶期，这一阶段主要是下胚轴的生长，在温度高、湿度适宜的条件下，下胚轴生长很快，易造成“高脚苗”，此阶段子叶在光合作用中起主要作用。

（二）幼苗期

樱桃番茄从第1片真叶出现至现大花蕾为幼苗期。不经分苗的情况下，幼苗期一般需45～50 d，若需分苗且温度较低则需60～80 d。植物需经历营养生长和生殖生长2个不同的发育阶段，幼苗生长的优劣将直接影响花芽分化的早晚及花芽分化的数量与质量，因此培育壮苗在栽培上十分重要。

（三）开花期

从现大花蕾至第1穗花坐果再到迅速膨大期之前为开花期，一般需15～30 d。这一阶段是植株从以营养生长为主过渡到生殖生长与营养生长同等发育的转折时期。保证第一穗花坐果与培育壮秧，是定植后管理的核心。无限生长型或晚熟品种的樱桃番茄，由于生长势强，若管理不当极易徒长，因此要蹲苗以控制其营养生长。

（四）结果期

樱桃番茄从第1穗果进入迅速膨大期至收获结束为结果期。此期的长短，因品种和栽培方式不同而差别很大。春茬和秋茬樱桃番茄需70～80 d，冬春茬需80～100 d。此阶段植株以生殖生长为主、生殖生长与营养生长并重。此阶段植株大量需肥、需水，栽培上应加强肥水管理，并通过植株调整，保持合理叶面积和秧果比例，以达到高产高效的目的。结果后期应注意保持功能叶片的健壮，保证叶片的光合作用效率。

第二节　生长发育对环境条件的要求

一、温度

樱桃番茄属喜温蔬菜，对温度的适应范围为15～35℃，环境温度低于10℃时停止生长，长时间处于5℃以下即出现冷害现象，高于35℃则生长不良。发芽期最适温度为20～30℃，最低温度为8℃，多数品种高于35℃时发芽率降低，低于20℃时发芽变慢，长期处于10℃以下低温时不但发芽缓慢，而且易烂种"浆包"。幼苗期最适温度为白天28℃、夜间20℃，低于10℃则停止生长，最适地温为22℃左右。开花结果期要求较高的温度，白天为24～28℃、夜间以15～20℃最为适宜，高于35℃或低于15℃均能引起落花落果。结果期温度过高，特别是夜温过高，会影响樱桃番茄果实增大和养分积累，易形成空洞果。另外，果实着色对温度要求较严格，在19～24℃条件下有利于番茄红素的形成，着色快且着色良好，高于30℃或低于15℃时着色缓慢且着色不良。

二、光照

樱桃番茄是喜光蔬菜，光饱和点是70 000 lx，光照不足易引起落花，设施内的光照强度必须达到30 000～35 000 lx，樱桃番茄才能正常生长发育。强光如果伴随高温干旱，则会引起卷叶、坐果率低或果面灼伤。苗期以日照16 h，并有近于光饱和点的光照强度时生长发育良好，光照时间过长或光照强度不足都会使幼苗发育不良、抗性差、落花落果严重且果实着色差。

三、湿度

樱桃番茄需水量虽然大，但由于植株根系发达，吸水能力强，同时地上部茎叶着生茸毛，叶片为深裂花叶，能减少水分蒸发，所以属半耐旱作物，在土壤相对湿度在65%～85%的条件下生长良好。番茄在发芽期一般要求土壤相对湿度在80%以上。出苗后土壤湿度要相对减少，特别是在光照不足的情况下，若湿度过大，幼苗易徒长，土壤相对湿度可降至65%～70%。定植后，为了促进根部发育、增加土壤透气性，湿度可保持在苗期水平。果实坐住后，土壤相对湿度可以在75%以上，空气相对湿度为50%～65%。

四、土壤

樱桃番茄对土壤条件的要求不严，但在肥沃的壤土，或有机肥充足、透气良好的沙壤土上易获得高产。在土壤过分黏重、排水不良或养分流失较大的沙性土上生长较差。樱桃番茄适于在微酸性和中性土壤中生长，不耐盐碱，适宜的pH为5～7。

第三节　主要栽培品种

一、一串红

一串红是江苏省农业科学院蔬菜研究所最新育成的新一代樱桃番茄杂交品种。该品种为无限生长型，生长旺盛，茎秆粗。果穗上的小果梗间距短，果实排列密集，穗形美。果实圆形，未成熟果有绿果肩，成熟果为红色。单果重8～12 g，果实平均糖度在7.2%左右，最高可达10%，果皮薄、肉质软，风味甜美。

二、七仙女

七仙女是江苏省农业科学院蔬菜研究所最新育成的樱桃番茄品种。该品种为无限生长型，生长势旺盛，结果能力强，1花穗可结果7～12个，不易裂。果实圆形，单果重15～18 g，金黄色，平均糖度7%左右，肉质软，皮薄籽少，风味佳。

三、美味樱桃番茄

美味樱桃番茄是中国农业科学院蔬菜花卉研究所育成的品种。该品种为无限生长型，生长势强，为极早熟品种。叶型为普通叶，浓绿色，叶较细小。坐果率95%以上，每花序坐果30～60个，高者可达80～100个。单果重10～15 g。品质佳，酸甜适中，风味好，可溶性固形物含量为8.5%～10.0%，糖分4.9%～5.7%。其高抗烟草花叶病毒病，抗黄瓜花叶病毒病。

四、串珠（樱桃）番茄

串珠（樱桃）番茄是中国农业科学院蔬菜花卉研究所育成的品种。该品种为有限生长型，叶片深绿色。主茎上第五至六节开始着生花序，每花序着花8～12朵。坐果率高达90%以上，每株可结果100个以上，果穗上着生的果实排列整齐。果实椭圆形，果面光滑，果形美观，单果重10～15 g，大小均匀，幼果有浅绿色果肩，成熟果为鲜红色，色泽鲜艳，果实圆整，抗裂耐储，果肉脆嫩，风味浓郁，可溶性固形物高达7%以上。极早熟，适于春季露地栽培和冬春保护地设施栽培。

五、京丹1号

京丹1号是北京市农林科学院蔬菜研究中心选育的一代杂交品种。该品种为无限生长型，叶色浓绿，生长势强。主茎第1花序着生第7～9节，中早熟。总状花序及复总状花序，并以复总状花序为主，每序着花10朵以上，最多达60～80朵，高、低温下坐果均良好。果实圆形或高圆形，未成熟果有绿色果肩，成熟果为红色，单果重8～12 g，果实平均可溶性固形物含量为7.55%，最高可达10%，果味酸甜适中，口感风味极佳。其高抗病毒病，较耐叶腐病。

六、台湾606小番茄

台湾606小番茄是福建省厦门国贸种子进出口有限公司从我国台湾地区引进的新品种。该品种为无限生长型，果实呈椭圆形，红色单果重10～15 g。果面光滑，二心室，果实糖度为7%～11%，从定植至始花期需50 d左右，开花到收获需30～40 d，采果天数在60 d以上，适宜保护地及秋季延后栽培。

第四节 栽培季节

一、春茬栽培樱桃番茄

春茬樱桃番茄在1月上中旬育苗，2月下旬定植，4月上旬至6月下旬采收。

二、秋茬栽培樱桃番茄

秋茬樱桃番茄在8月下旬至9月上旬播种，9月中旬至下旬定植，10月中旬至12月上旬采收。

第五节　栽培技术

一、培育壮苗

挑选籽粒饱满、大小一致的种子温汤浸种或药剂浸种后，置于30℃的恒温箱中催芽24 h，种子露白后即可播种，播入装有基质的穴盘中，每个穴盘点播2～3粒，基质为草碳∶蛭石＝3∶1的混合基质，加入适量的腐熟鸡粪肥，或用园土∶有机肥＝2∶1的营养土装钵进行培育，有3～4片真叶时即可定植。

二、定植

定植前应对温室构件和土壤进行化学消毒，以减少病菌，并通过提前拉秧来提高温度。樱桃番茄结果期长，产量高，要有足够的养分供应，生育前期需要较多的氮、适量的磷和少量的钾，后期需增施磷、钾肥，提高植株抗性，此外需要增施钙肥来缓解果实生理障碍。

定植前一周每亩增施优质腐熟的农家肥6 000～8 000 kg，深耕细翻，使粪土充分掺匀，整地起垄按行距110 cm开施肥沟，每亩再沟施农家肥5 000 kg，复合肥30 kg，再逐沟灌水造底墒，按宽窄行起垄作畦，水渗后在施肥沟上方做成宽80 cm，高15 cm的小高畦。定植时，在小高畦上按行距50 cm开两条定植沟，按35 cm株距摆苗，先培少量土稳坨，浇定植水，水渗后合垄。番茄茎节上易发生不定根，可通过深栽和培土，促使其发不定根，增大养分吸收面积。

三、田间管理

（一）温度调节

樱桃番茄幼苗定植后，温室应继续密闭5～6 d，创造高温、高湿的环境条件以加快缓苗速度。缓苗后开始放风以降温、降湿，一般在晴天的中午进行，樱桃番茄开花前后对环境条件反应比较敏感，温度低于15℃或高于35℃都不利于花器官的正常发育，易导致落花落果或出现畸形果，温室内最高气温不宜超过30℃，最好控制在25～28℃，夜间的气温前半夜应维持在14～16℃，后半夜可降低至8～12℃。

（二）水肥管理

樱桃番茄较耐旱，适宜土壤相对含水量为60%～80%。定植初期须控制浇水，降低空气湿度，防止茎叶徒长，促进根系发育，若土壤过于干旱，可在定植后3～4 d浇一次缓苗水，并通过连续对大行间进行中耕来保持土壤湿度，一般中耕2～3次，每次间隔5～7 d。第1穗果实2～3 cm长时进行蹲苗，此期是樱桃番茄由营养生长向生殖生长的过渡期，要保持两者的均衡。蹲苗结束后，每亩追施三元复合肥8～10 kg，或尿素15 kg，以后每隔15～20 d进行1次追肥，肥料种类和数量同上。

（三）植株调整

1. 吊蔓

在每行樱桃番茄上方南北向拉一条铁丝、每株樱桃番茄用一根尼龙绳上端系在铁丝上，下端系一根10 cm左右的小竹棍并插入土中。随着植株的生长，应及时将主茎缠到尼龙绳上。

2. 整枝打杈、摘心、疏花疏果

樱桃番茄腋芽萌发能力极强，可发生多级侧枝，为减少养分消耗和便于通风透光，应及时整枝打杈，一般采用单干整枝法，即每株只保留一个主干，把所有的侧枝都摘除。整枝打杈的时间不宜过早或过晚，一般当腋芽长到3 cm时就要进行整枝打杈了，打杈时不留桩、不带掉主干上过多的皮，尽可能减小伤口面积。在拉秧前45～50 d进行摘心，摘心时应于顶部果穗上留2～3片叶，以利于果实继续生长。合理地疏花疏果可以促进发育、增加单果重、提高果实整齐度。樱桃番茄每个花序的第一朵花容易形成畸形果，要在蘸花之前摘掉。每穗花数量过多会影响果实质量，要剔除较小的和畸形的花，采取“掐头去尾留中间”的方法，保持留果大小一致。一般而言，樱桃番茄每穗应保留8个以上果实。整枝的同时要结合绑蔓、打老叶的工作一起进行，以利于植株通风透光，减少养分的无效消耗，防止病害蔓延。

（四）保花保果

樱桃番茄自花授粉良好，不需要生长调节剂处理，但冬春茬樱桃番茄在花期经常会遇到连续的阴雨天，温度偏低，光照不足，易造成授粉受精不良，导致落花落果。在栽培中应加强辅助授粉措施，可使用震荡授粉器授粉，晴天上午8—10点授粉时效果最好，要求温度在18～30℃时操作。如有条件可以采用熊蜂授粉以提高坐果率，经熊峰授粉的番茄花授粉充足，产生的种子多，能更多地分泌促进果实生长的植物激素，使得番茄果柄自然膨大，不易脱落，生长速度快，增产幅度可高达15%～35%，同时可以改善樱桃番茄的品质，使其果实含糖量提高，口感好，果形匀称，商品果率提高。

四、病虫害防治

（一）病害防治

设施樱桃番茄易发生的病害有猝倒病、晚疫病、灰霉病、青枯病等，主要是由于设施内温度高、湿度大。为防止病害发生，首先应控制好设施内的湿度，再结合药剂防治，猝倒病可使用25 g/L咯菌腈种子包衣剂1 500倍液拌种，或用70%多菌灵可湿性粉剂800倍液拌种，或用70%代森锰锌可湿性粉剂1 000倍液拌种消毒；晚疫病使用25 g/L咯菌腈悬浮种衣剂1 500倍液拌种，灰霉病使用70%多菌灵可湿性粉剂1 000倍液搭配30%霜霉威可湿性粉剂1 500倍液均匀喷施，青枯病可使用3%中生菌素可湿性粉剂500倍液搭配20%叶枯唑可湿性粉剂1 000倍液均匀喷施并灌根。

（二）虫害防治

由于番茄茎部腺毛能分泌出一种有特殊气味的分泌物来驱赶害虫，虫害比较轻微，主要有蚜虫、温室白粉虱、美洲斑潜蝇、棉铃虫等。可用10%抗蚜威烟剂300～350 g/亩熏蒸、22%敌敌畏烟剂500 g熏蒸、1.8%阿维菌素乳油3 000倍液或25%除虫脲可湿性粉剂4 000倍液喷施防治。

五、采收

樱桃番茄果实要达到生理成熟才可食用，应根据不同需要，确定适宜的采收期。如果为了长途运输，可在绿熟期采收，此期果实质地硬，运输中途破损少，但是这种果实变红后含糖量低，风味差。若运输到附近城市销售，可在转色期采收，经2～3 d后果实全部转色，此期果实品质较好，也可适当运输。就地销售或近距离销售可在成熟期采收，此时果实含糖量、风味均可达到品种应有的水平，品质好，营养价值高，生食最佳。由于植株上的不同果穗乃至同一果穗上的不同果实均是陆续生长、陆续成熟，连续采收较费工。采收时，应从果柄的离层处摘下，要注意保留完整的萼片。

思考题

1. 简述樱桃番茄的生物学特点。

2. 简述樱桃番茄植株调整的内容。

实训项目

实训项目五　樱桃番茄的植株调整

一、实训目的

学习和掌握设施樱桃番茄的植株调整方法，了解其对植株生育和产品器官的形成、产量和品质的影响。

二、材料与用具

1. 材料

樱桃番茄植株。

2. 用具

绳索、挂钩、支架、枝剪、水桶等。

三、方法与步骤

（一）吊蔓与缠蔓

1. 将绳索按大棚高度截剪，绑上挂钩，再用支架将其挂于樱桃番茄植株上方的铁丝上。

2. 将绳索下端绑在樱桃番茄植株茎基部，保持绳索绷紧，再将樱桃番茄植株主干缠绕固定于绳索上。

（二）整枝、打杈、摘叶

1. 用枝剪将樱桃番茄植株除主干外的其他侧枝全部剪除；只保留主干进行生长。

2. 用枝剪将樱桃番茄植株下部近地面的老叶、病叶全部剪除，以提高下部的通风透光，减少病虫害生长，增强下部叶片的光合作用。

（三）化控处理

1. 配制 1 000 mL 的 25 mg/L 的防落素溶液。
2. 将配好的防落素溶液装入小型喷雾器中。
3. 用小型喷雾器将防落素溶液均匀喷到樱桃番茄花序中开放一半以上的花朵上。

四、作业

1. 写出实训报告，记录整个樱桃番茄植株调整的过程。
2. 举例说明樱桃番茄植株调整的作用与意义。

第六章

指天椒栽培

指天椒属茄科辣椒属，因其果实向上生长，故名指天椒或朝天椒。为一年生或多年生草本或灌木状草本。指天椒的辣椒素含量是辣椒属作物中最高的，具有强烈的辛辣味，可增进食欲，使人心欲畅快、精神振奋，是受世界各国人民喜爱的调味品。我国四川、云南、贵州、湖南、江西、广西、甘肃、陕西等地人民对其更是喜爱有加、每餐必备。指天椒的青熟果或红熟浆果可以炒食、拌菜、凉拌，也可以腌渍、酱渍和做泡菜，还可以制辣椒粉、辣椒酱、辣椒油及加工干制为辣椒干等。

第一节　生物学特性

一、植物学特征

（一）根

指天椒主根发育旺盛，在深厚疏松的土壤中可入土 40～50 cm，有的可达 80 cm，侧根大部分分布于表土层，以地下 10～25 cm 处分生侧根最多。育苗移培可促进侧根的分生和生长。

（二）茎

指天椒的茎直立生长，茎的第 1 次分杈高度 30～35 cm，品种之间的差异较大。正常的茎节从子叶到第 1 分杈为 12～15 节。茎节越多，指天椒越晚熟，而且易发生倒伏。指天椒生长前期，茎的木质化程度较低，具有柔韧性，成株期后，木质化程度加强，硬度越来越大，茎的上段为半木质化、空心，下段为全木质化，比较坚硬，特别是作为多年生作物栽培时，植株已成为小灌木。

指天椒茎的分枝一般为假双杈分枝，但有些品种也会出现少量的三杈、或四杈分枝。一般是主茎长到12～15节时，顶芽分化为花芽，形成第一朵花。其下的侧芽抽出分枝，形成杈状“Y”形分枝，两分枝发生1～2片叶片后，侧枝顶芽又分化为花芽，形成第二朵花，再形成二次分杈，以后还可出现第三次、第四次分杈。指天椒一般单株分枝6～10次。簇生指天椒的果实生长在侧枝及顶端，茎短缩，分枝不明显，形成果实簇生现象。

（三）叶

指天椒的叶单生，无托叶，叶卵圆形或长卵圆形。随着植株冠幅不断增大，到中、后期，茎生叶逐渐由下而上萎缩脱落，枝生叶随着分枝级次的增加不断发生新叶。

（四）花

指天椒的花既有单生，也有2～3朵共生，还有4～16朵簇生，因此指天椒可分为散生和簇生两大类型。与其他辣椒品种一样为假双杈状无限分枝，花着生在分杈处，每着生一次花都相应地进行一次分枝，即花与分枝伴随而生。侧枝的纵向伸长也以花的出现而结束。具有簇生特性的指天椒品种，在主茎顶端和1～3级侧枝的顶部表现为簇生，4级分枝以后，分枝顶端的簇生性变得越来越不明显，而部分簇生型变种则表现为枝枝簇生，这种簇生现象实际上是簇生花在聚伞状短缩枝丛上着生。

指天椒的花为完全花，以自花授粉为主，但属常异花授粉作物，异花率在25％～45％。

指天椒的花蕾一般向下生长，开花时侧向一方，开花后果实转向朝天生长（图6-1）。

（五）果实

指天椒的果实为浆果，但果汁甚少，果皮薄，易干，在果实内形成空腔，充满空气，红熟干制后，种子与胚座容易分离，指天椒也称为“蒴形浆果”。果柄较为粗短，向上弯曲，宿存的花托像底座一样着生在果实下部，果实朝天生长，故名“指天椒”。

指天椒果实形状为圆锥形或纺锤形，果长1.5～8 cm。多数品种果皮未成熟阶段的嫩果为绿色，到了成熟阶段，果实转变成深绿色，然后变为黑紫色，最后变为红色；也有一些品种的果实为白色或黄色。

图 6-1　指天椒果实

辣椒果实中辣椒素含量与果实大小有密切的关系，指天椒也是如此。一般是果实越小辣椒素含量越高，果实越大辣椒素含量越低。不同品种的指天椒果实辣椒素含量差异很大，小米椒和小型圆锥椒的辣椒素含量为 4.70～7.67 g/kg，簇生椒为 2.19 g/kg。世界上最辣的辣椒如云南的涮椒和智利的小红指天椒，其辣椒素含量在 10.0 g/kg 以上。

指天椒的果实较小，特别是小米椒，果实更小，而且朝天生长，辣味浓烈，这是指天椒的重要特征。若是果实变大，外观变形，辣味下降，向下生长，则表明指天椒发生杂交退化，应及时进行品种提纯，恢复种性。

（六）指天椒种子

指天椒种子扁平，呈短肾形，浅黄色、黄色或金黄色。一般千粒重为 5～6 g。种子寿命为 3～4 年。

二、生长发育周期

指天椒与普通的辣椒一样，生长发育从种子发芽至果实成熟、衰老要经历种子发芽期、幼苗期、开花坐果期、结果期四个时期。

（一）种子发芽期

从种子吸水萌动到第一片真叶出现，即破心，为种子发芽期。这个过程一般需要 10 d 左右。

（二）幼苗期

从第一片真叶出现（破心）到现蕾，为幼苗期。指天椒的幼苗期比辣椒长，一般要 12～20 片真叶才开始现蕾，需 40～50 d。

（三）开花坐果期

从第一朵花现蕾到第一朵花坐果为开花坐果期。此时期较短，一般为 10～15 d，是指天椒幼苗期与结果期之间的一个过渡阶段。生长与发育均衡是这个阶段管理的中心任务。

（四）结果期

从第一朵花坐果到收获结束为结果期。指天椒是从果实生长状态上分类较复杂，有一年生的，也有多年生的，一年生栽培的簇生椒结果期为 120～180 d。簇生椒也可进行多年生栽培，多年生栽培的圆锥椒、小米椒的结果期则长达 1 年至数年。

指天椒结实以后，大小果实之间、果实与花之间也存在着养分竞争力的差异，果实的竞争力比花强，大果的竞争力比小果强，因此，在栽培过程中，在开花坐果一批以后，就会抑制其他花的坐果，甚至会出现后一批花完全坐不上果而落花的现象，或者同一批开花坐果比较多，由于大小果实之间的竞争，也会造成部分小果脱落，出现落果现象。当前一批果实收获后，由于果与果之间、果与花之间的养分竞争程度减弱，可以有更多的养分供给新生的花和果实的发育，这时又开始增加开花坐果和果实膨大，这是指天椒生殖生长的周期性现象。

第二节　生长发育对环境条件的要求

一、温度

指天椒原产于热带、亚热带，属喜温蔬菜。但它适温范围较大，栽培区域很广，在热带、亚热带、温带均有栽培。

指天椒种子发芽的适宜温度为 25～32℃，在 30℃时发芽最快，在 2～4 d 内发芽率可达70%～85%。

在真叶出现后，指天椒最适生长温度为25℃。随着植株的长大，其耐低温能力逐渐增强，具三片以上真叶的幼苗，在0℃以上能不受冷害。栽培温度在30℃以上时易造成幼苗徒长、幼苗弱，而低于17℃时植株生长缓慢，低于12℃时就完全停止生长。

普遍认为指天椒的营养生长和同化作用最有利的温度是27～28℃。开花坐果适宜温度为16～27℃，高于35℃易造成果实灼伤。

二、光照

指天椒总体发育对光周期的反应属中光性植物。指天椒的光饱和点为30 klx。补偿点为1.5 klx。夏季晴天光照过强，指天椒生长受到抑制，新生花芽发育不良，易造成落花、落果。

三、水分

指天椒是辣椒中需水量较少的种类，耐旱能力较强，但极不耐涝。若遇干旱，植株生长发育受到抑制，产量减少。

初花期，植株生长量大，需水量开始增加。果实膨大期需要充足水分，此时水量不足，果实膨大缓慢，果面皱缩弯曲，果实细小，产量低。

四、土壤

指天椒的适应能力较强，可在重黏土、黏土、黏壤土、壤土、沙壤土或沙土等不同质地和肥力的土壤栽培。在肥沃、深厚、富含有机质，土质疏松，保水、排水和保肥力强，pH为5.5～7.0的土壤中生长发育良好，产量高、品质好。

第三节 主要栽培品种

一、七星椒

七星椒属簇生椒类，是四川威远县地方品种，株型高大紧凑，生长势强，分枝旺盛，主茎周身叶腋处大多可抽生侧枝，枝条直立，叶片较长，花果集中于分枝顶端，果实簇生，每簇着生6～16个，通常7个左右，果实长圆锥形，长3～4 cm，横径0.5～0.8 cm，肉薄易干，生理成熟时深红色，具光泽，辛辣味极强，为干椒上品。具有耐热、耐干旱、耐贫瘠和适应性强的特点，中晚熟。产量较低，亩产鲜椒1 000 kg左右，或亩产干椒250～300 kg。

二、邵阳朝天椒

邵阳朝天椒属簇生椒类，系湖南省邵阳地区地方优良指天椒品种。该品种生长势强，植株茎枝纵向生长旺盛，株高达140 cm，叶色深绿或黑绿，果实细短圆锥形，长约5 cm，直径0.8～1.0 cm，果色深红，每个枝条顶端簇生6～16朵花，簇生坐果7个左右，每株结果数多，一般200个左右，果肉较薄，相对种子数较多，富含辣椒素，辣味极强，含水少，果形整齐，商品质量好，是我国干制辣椒出口的60个最佳品种之一。其适应性较强，既耐干旱，又耐热，在瘠薄地生长良好，但产量较低，亩产鲜椒1 000 kg左右、或亩产干椒250～300 kg，熟性较晚。

三、日本三鹰椒（或称日本天鹰椒）

日本三鹰椒属簇生椒类，20世纪70年代传入我国，是鹰爪椒的变异品种。植株生长健壮，株态直立，矮生，株高30 cm，主茎抽枝力强，侧枝多达8个，叶片绿色，长尖卵圆形，叶柄长，茎、枝顶端开花簇生，果实4～8个，簇生，朝天生长，辣味强烈，熟性晚，产量低，每亩产干椒200～300 kg。

四、青蜡指天椒

青蜡指天椒属圆锥椒类，椒果散生。广东、广西、云南、海南有零星栽培，多年生植物，株高约80 cm，开展度约105 cm，分枝力强，每节叶腋开花1～3个，一般结果1个，果实细小圆锥形，直立向上生长，果长2.5～3.5 cm，果径0.7～0.8 cm，幼果青色，老熟果红色，播种至初收需90 d左右，每年收获期长达7个月以上，耐旱、耐热，抗病虫害能力强，抗寒力中等。其结果多，但产量低，每亩收老熟鲜果250 kg左右，亩产干椒125～150 kg。辣味极强，品质佳，可作加工和干制辣椒。

五、白蜡指天椒

白蜡指天椒属圆锥椒类，椒果散生。广东、广西、海南、云南有零星栽培，多年生植物，株高约175 cm，开展度约100 cm，茎粗中等，分枝力强，每节叶腋开花1～3朵，一般结果1～2个，果细小圆锥状，直立向上生长，果长2.5～3.5 cm，果径0.8 cm，幼果白蜡色，老熟后黄白色，果皮薄，味极辣，可加工及干制用，其他特点同青蜡指天椒。

六、韩国天宇系列指天椒

韩国天宇系列指天椒属簇生椒类，早熟、中熟、晚熟的品种均有。早熟株型紧凑，适于密植；中熟品种，植株株型中等；晚熟品种，植株高大，分枝性强，抗花叶病。果实朝天生长，坐果率高，每簇果实 6～7 个，生长整齐一致，适合于集中采收，果长 4～8 cm，果径 0.9～1.2 cm，辣味极强，适合制作干制辣椒。

七、天香系列指天椒

天香系列指天椒是从泰国最新引进的一代交配指天椒系列品种，属圆锥椒类，椒果散生，中早熟，生长旺盛，坐果力强，抗病性强，收获期长。果长 5.0～7.0 cm，果肉厚约 1 mm，成熟果果色鲜红，果面微皱，皮薄。色泽亮丽，光泽度好，口感香辣，商品性极佳。天香系列指天椒适合春、夏、秋季露地生长，春种密度 1 000～1 200 株/亩，秋种密度 1 200～1 500 株/亩，生长周期 4～6 个月，产量 1 600～2 500 kg/亩。主要在广西、云南、海南、广东种植。

第四节 栽培季节

一、春茬栽培指天椒

春茬指天椒在每年 12 月至翌年 1 月育苗，2 月中下旬定植，6 月上旬开始采收。

二、秋茬栽培指天椒

秋茬指天椒在 6 月中旬至 7 月上旬播种育苗，8 月中旬至 9 月上旬定植，11 月中旬至 12 月上旬开始采收。

第五节 栽培技术

一、培育壮苗

挑选籽粒饱满的种子温汤浸种或药剂处理后常温浸种 6～8 h，置于 30～32℃ 的恒温箱中催芽，种子露白后即可播种；播入装有基质的穴盘中，每个穴盘点播

2～3 粒，基质为草碳：蛭石＝3：1 的混合基质，加入适量的腐熟鸡粪肥，或用园土：有机肥＝2：1 的营养土装钵进行培育。从指天椒生长发育的特点分析及试验表明，指天椒最适宜的定植生理苗龄为现蕾期，这时指天椒的茎生叶已基本发育完成，具有适应不良环境条件变化的能力，有较强的光合作用基础，而生殖器官的生长发育已初步成形，生长发育处于相对缓慢的时期。此时定植，生长发育受损较少，生根缓苗较快，植株健壮，产量高，采收时间长，品质好，是定植的最佳苗龄。

二、整地、作畦和施基肥

南方各地栽培指天椒时都采用中高畦，一般畦宽（连沟宽）往往在 1.3～1.4 m，沟宽 40 cm，畦面宽 90～100 cm，畦高 20～25 cm。

一般每亩应施入腐熟有机肥 3 000～4 000 kg，磷酸 50 kg，15：15：15 复合肥 50～100 kg，硫酸钾 20～30 kg，尿素 20 kg。配方施肥的方法是先将以上的配方肥料混合均匀，在畦面的中央开一条 20～25 cm 深的沟，将配方肥料的 50%条施入沟中，立即盖土，不可使肥料外露，盖土与畦面平；在畦面两边的栽培行处，距畦边 10～15 cm 开两条浅沟，沟深 3～5 cm，将配方肥料的 25%分别施入浅沟中，用锄头将肥料与土壤拌匀后将畦面整平，并覆盖地膜。

三、定植

（一）定植的时期

指天椒是喜温作物，正常的大田栽培或地膜覆盖栽培，只要气温稳定在 10℃ 以上就可以定植。在华南南部地区（如广东南部、广西南部、海南）由于冬季温暖，无霜期短或基本无霜，全年可以定植。

（二）定植密度

南方栽培指天椒的畦面宽一般为 80～90 cm，双行定单株定行距为 60～70 cm，株距一般为 50～60 cm，则定植密度为每亩 1 500～2 000 株。

四、田间管理

（一）水分管理

指天椒不同生育阶段的生长发育特点不同，对水分的需求和反应也有明显的差异。

1. 定植到开花坐果初期

指天椒定植移栽时，幼苗已经现蕾，根系经过移栽易受损伤，吸水能力减弱，为了缩短缓苗期，定根水必不可少。缓苗后到开花坐果需要加速植株生长，这个时期应适当灌溉。开花坐果初期，应适当控水。

2. 开花坐果期

由于这个时期指天椒植株生长旺盛，需水量最大，需要保持土壤湿润。

3. 果实红熟期

当指天椒进入果实红熟期后，植株生长开始减缓，生长发育相对稳定，下部叶片逐渐衰老脱落，植株蒸腾量减少。此时应控制灌溉，及时排除田间雨后积水，减少水分供应，这有利于果实加速红熟，提高果实商品质量和商品率。

（二）追肥

指天椒的生育期很长，又是多次采收，除了重施基肥外，必须多次追肥。可以复合肥 20～30 kg，尿素 5～10 kg，硫酸钾 5～10 kg 作为追肥分次施入。

根外追肥已是目前国内辣椒产区广泛使用的一种追肥方法。根外追肥具有用量少、收效快、利用率高等优点。随着指天椒进入生长的中后期，根系逐渐衰老，吸收能力下降，土壤中的有效养分减少，就应当及时通过叶面施肥补充营养。

（三）落花落果的发生与防治

指天椒的落花落果是经常发生的，造成指天椒落花落果的原因主要有两个方面，即生理原因和病虫害。生理方面的原因：首先表现在开花授粉时期遇到低温、高温、光照不足等不利因素，致使授粉受精不良而落花落果；其次是土壤开花期干旱或降雨过多，造成水分失调引起落花落果；再次是由于缺肥，植株细弱，或偏施氮肥，而土壤水分较多时，植株徒长，生殖生长与营养生长不协调，引起落花落果。病虫害也常引起指天椒落花落果，如感染病毒后常出现顶尖死蕾落花，烟青虫、棉铃虫蛀果时引起落果等。

防止指天椒落花落果，必须加强栽培管理，包括培育壮苗，适时定植，注意保护根系，合理施肥，保证充足的营养（但又要防止过多施用氮肥），及时排灌，保持良好的土壤条件等综合措施，以提高植株的抗逆能力，合理地调节营养生长与生殖生长的关系，减少落花落果的发生。

五、指天椒的病虫害及防治

（一）病害防治

指天椒常见的病害有疫病、炭疽病、青枯病、灰叶斑病、病毒病、疮痂病、白粉病、软腐病等，在幼苗期还常有猝倒病和立枯病。猝倒病可使用 25 g/L 咯菌腈种子包衣剂 1 500 倍液拌种，或 70%多菌灵可湿性粉剂 800 倍液拌种，或 70%代森锰锌可湿性粉剂 1 000 倍液拌种消毒防治；疫病使用 25 g/L 咯菌腈悬浮种衣剂 1 500 倍液拌种防治，灰霉病可使用 70%多菌灵可湿性粉剂 1 000 倍液搭配 30%霜霉威可湿性粉剂 1 500 倍液均匀喷施，青枯病可使用 3%中生菌素可湿性粉剂 500 倍液搭配 20%叶枯唑可湿性粉剂 1 000 倍液均匀喷施并灌根。

（二）虫害防治

指天椒的主要虫害有蚜虫、茶黄螨、斜纹夜蛾、棉铃虫和烟青虫等。可用 1.8%阿维菌素乳油 3 000 倍液、25%除虫脲可湿性粉剂 4 000 倍液等喷施防治。

六、指天椒的采收

（一）采收成熟度

指天椒大多数是在生物学成熟（红熟）时采收，只有进行腌制或加工时才采收绿熟果。指天椒的生物学成熟就是果实已经充分膨大和发育成熟，种子饱满已具有繁殖后代的能力，果实完全变为红色。只有果实完全变为红色时，才具有最优的内在营养质量和商品外观特征，所以此期采收最为适宜。

（二）采收方法

由于指天椒有无限开花的习性，蕾、花、果并存，成熟度不一，需要采用多次采收的方式收获。每周采收一次比每两周采收一次增产 20%～25%，每两周采收一次比一次性采收增产 13%。因此适当地增加采收的次数是指天椒高产的重要环节。至于每次采收的时间间隔，应根据果实的红熟量而定。如果指天椒的果实红熟后不及时采收，也会影响到产量和品质。

思考题

1. 根据开花习性，指天椒可以分为哪几大类型？
2. 指天椒的生长适宜温度是多少？

实训项目

实训项目六　指天椒的分枝习性观察

一、实训目的

掌握不同类型的指天椒的分枝习性，了解其对产量形成的影响。

二、材料与用具

散生型和簇生型指天椒植株。

三、方法与步骤

以个人为单位，观察散生型和簇生型指天椒的分枝特点。

四、作业

绘制散生型和簇生型指天椒的分枝示意图，并用文字说明。

第七章

结球芥菜栽培

第一节　生物学特性

一、植物学特征

结球芥菜又称包心芥菜，株高 37～42 cm，开展度 45～62 cm，横切面扁弧形，基叶阔矩圆形，平展生长，叶面皱缩，叶缘波状，浅绿色，幼时叶面有粗毛，叶柄短，中肋宽厚约 4 cm，具沟，叶柄和中肋合抱，新叶外露，后期抱合扁圆形叶球(图 7-1)；紧实程度因生长温度条件而不同。直根系，须根多。主根较细，根系不发达，根群主要分布在 20～30 cm 的土层里。茎短缩。

图 7-1　结球芥菜的叶球

二、生长发育周期

结球芥菜的生长发育过程可分为发芽期、幼苗期、莲座期、产品器官形成期和开花结实期。

（一）发芽期

结球芥菜从种子萌发至 2 片子叶展开、真叶显露为发芽期，在 25℃适温下需 5～6 d。

（二）幼苗期

结球芥菜从真叶显露至第 1 叶环形成为幼苗期，在 22℃左右适温下需要 20～30 d，在较高温度条件下生长较快。

（三）莲座期

结球芥菜第 1 叶环至第 2 叶环形成为莲座期。因品种不同，每一叶环的叶数不同，一般为 10 片左右。在适温条件下莲座期需 30～40 d。

（四）产品器官形成期

结球芥菜在长出 2～3 个叶环后进入产品器官形成期，开始生长叶球，此期需 30～60 d。

（五）开花结实期

结球芥菜经过第 1 年冬季的低温条件后，在第 2 年的春季经过长日照条件，便抽薹开花结实。

第二节　生长发育对环境条件的要求

一、温度

结球芥菜喜冷凉的生长环境，较耐寒。发芽适温为 25℃左右，幼苗期能耐一定的高温，叶片和叶球生长期适温为 15～20℃，在 10℃以下或 25℃以上时生长缓慢。

二、光照

结球芥菜喜光照，属长日照作物，不需经过较长的低温期就能通过春化阶段，在高温、长日照的条件下能抽薹开花。

三、水分

结球芥菜整个营养生长期间喜欢较湿润的环境，由于其根系较弱，所以既不耐旱又不耐涝。如果水分不足则生长不良，组织硬化，纤维增多，品质差。但如果土壤水分过多，则影响根系吸收养分和水分，也会造成生长不良。

四、土壤营养

结球芥菜适宜在土壤结构及理化性质良好、耕层深厚、肥力较高、地势平坦、排灌方便的地块种植，尤以壤土、沙壤土及轻黏土最适宜，pH 以 6.5～7.5 为宜。结球芥菜需肥量较多，生长前期对氮肥需求量大，磷肥次之；叶球形成期对氮肥和钾肥需求量增多，其吸收氮、磷、钾比例为 1∶0.4∶1.1。

第三节　主要栽培品种

一、白沙短叶 6 号

白沙短叶 6 号由汕头市白沙蔬菜原种研究所选育。该品种中晚熟，播种至初收约 95 d，持续采收期约 15 d；生长势强，株型矮壮，株高 32～35 cm，开展度 75 cm；叶球近圆形，横径 18～20 cm，球高 19～20 cm，单球质量 1.2～1.5 kg，绿白色；结球紧实一致，品质好，适于腌制及炒食；田间表现耐涝性强，耐霜霉病、软腐病和根肿病。

二、特选大坪埔大肉包心芥

该品种较耐高温，抗逆性较强，成熟期较早，一般定植后 60 d 左右收获。株型较紧凑，叶阔而平滑，叶柄宽，株高 30 cm 左右，开展度 50 cm 左右。叶柄肉质厚，质脆嫩，叶球叠抱紧实，横径 12～15 cm，单球质量 1 kg 左右。

三、大坪埔大肉包心芥

该品种苗龄约 25 d，定植后约 60 d 收获，单株质量 2 kg 左右，结球性强，叶柄肉质厚、质嫩。

四、金天大坪埔包心芥

该品种属新选一代中晚熟结球芥菜新品种，生长快速，长势强健，耐热耐湿，抗病性强，适应性广，高产优质，耐贮运，定植后 65 d 可采收。叶片淡绿色，稍皱，叶柄扁阔肥厚，叶球大而紧实，肉质脆嫩，口感好，单株质量 2.5 kg，商品性佳。

五、万川包心芥菜

南宁市桂亚农作物研究所、广西万川种业有限责任公司合作选育的结球芥菜新品种。早熟，播种至初收 82 d 左右。株高 32 cm，开展度 45～50 cm。叶阔矩圆形，绿色，叶柄肥短扁阔，结球紧实，近圆形，心叶黄白色，单球重 500～1 000 g。肉质柔软肥嫩，纤维少，可供腌制或鲜菜用。广西桂南地区种植面积较大。

六、大地 11 号大坪埔包心芥菜

该品种抗病性强，耐热，耐雨，耐未熟抽薹。定植后约 60 d 收获，结球紧实，外叶短，叶柄肥厚有肉，单株质量可达 3 kg，品质香甜脆嫩，可供鲜食及腌渍酸菜用。

七、金沙大坪埔包心芥

金沙大坪埔包心芥由汕头市金沙蔬菜研究所选育。该品种早熟，苗龄 20 d，定植后 60 d 可以收获。单株质量 2.5 kg 左右，叶球大而紧实，结球性强。该品种耐热，耐湿，抗病，适应性广，纤维少，品质优良，叶柄肉厚脆嫩，商品率高。每亩产量 3 000 kg 左右。

八、金沙短叶晚芥菜

金沙短叶晚芥菜由汕头市金沙蔬菜研究所选育。该品种中晚熟，苗龄 20～22 d，定植后 75 d 左右可以收获。植株矮壮，株高 32～35 cm，开展度 75 cm，叶球近圆形，绿色，球高 19～20 cm，单球质量 1.5 kg 左右。叶球嫩且大，品质优良，是熟食腌渍加工的理想品种。每亩产量 3 800 kg 左右。其适应性广，易种植；耐霜霉、软腐、根肿病。

第四节　栽培季节

一、春茬栽培结球芥菜

春茬栽培结球芥菜在 11 月下旬至翌年 1 月播种育苗，1 月上旬至 2 月上旬定植，定植后 30～40 d 可陆续采收嫩株上市。

二、夏茬栽培结球芥菜

夏茬栽培结球芥菜主要是作高山蔬菜，选用耐热品种，4 月上旬育苗，5 月上旬定植，7 月中旬至 9 月采收。

三、秋茬栽培结球芥菜

秋茬栽培结球芥菜一般是 7 月下旬育苗，8 月中下旬定植，10—11 月份采收。

四、冬茬栽培结球芥菜

冬茬栽培结球芥菜一般选用耐寒性好的晚熟品种，9 月下旬至 10 月下旬播种育苗，10 月下旬至 11 月中下旬定植，翌年 2—3 月份采收。

第五节 栽培技术

一、择田与施基肥

应选择中性土、墒情较好、排灌方便、水源水质好的农田种植。每亩施腐熟有机肥料 1 500～2 000 kg，同时增施氮、磷、钾三要素混复肥 30～40 kg 作为基肥。采用深沟高畦，精细整地，再做成宽(连沟)1.2～1.3 m 的畦(图 7-2)。

图 7-2　结球芥菜种植

二、适时播种与育苗

结球芥菜在广东地区一般于8—11月份播种。播种前两天要晒种，以增强种子的生活力，先用10%磷酸三钠浸种20 min，再用常温水浸种3～4 h，搓洗净种皮上的黏液后晾干即可播种。一般每平方米苗床播种子3～5 g，播后喷施480 g/L毒死蜱乳油1 000倍液防地下害虫及防蚂蚁拖食种子，然后用稻草覆盖畦面，防止雨水冲刷。幼苗出土后，遇旱要早晚淋水，保持土壤湿润，培育壮苗，为争取早熟丰产打好基础，结球芥菜苗长到5～8叶时即可移植。

三、合理密植

连沟1.2～1.3 m宽的畦种两行，畦面小行距50 cm，株距50 cm，每亩种植2 200株左右，育苗移栽时应做到秧苗带土移栽，并剔除落脚僵苗、小苗、病苗。移植前一天用0.3%(15∶15∶15)进口复合肥液淋一次"送嫁肥"，喷施一次1.5%植病灵800倍液加3%啶虫脒乳油或10%吡虫啉2 500倍液预防病虫害发生。定植时在种植行施入15∶15∶15复合肥5 kg，定植完毕要淋足定根水。定植后及时浇施浓度为0.5%的尿素，以提高成活率和加快返青。

四、田间管理

(一)及时查苗补缺

结球芥菜幼苗定植后，遇到高温干旱天气，易出现病苗、僵苗和死苗，应及时补缺，力争"全面、平衡、早发"。

(二)加强肥水管理

由于结球芥菜返青后发棵较快，需要不断的肥水供应。定植成活后至结球初期，结合中耕培土除草，每亩分2次施入尿素10 kg、15∶15∶15复合肥5 kg，促进结球芥菜健壮生长；进入结球期，植株封行时，要进行最后一次中耕培土并施重肥，每亩施尿素7 kg、复合肥7 kg、腐熟花生麸7 kg，以后看植株生长情况，可通过喷施叶面肥补充营养，如腐殖酸等液肥。结球芥菜整个生育期必须保持土壤湿润，定植后要浇足水，促进返苗；结球初期浇水促进发棵，结球中期结合追肥浇水，后期适当控水以促进包心。

五、采收

结球芥菜定植后 60～80 d 就可采收。一般在叶球已充分长大，未出现爆裂时，选晴天采收、晾晒，再进行加工。

六、病虫害防治

结球芥菜播种时可用 50%辛硫磷 1 000 倍液防治地下害虫，出苗后至收获前，主要防治青虫、小菜蛾、斜纹夜蛾等，可用 20%杀灭菊酯 2 000 倍液，或用 5%抑太保 1 500 倍液，或用 0.6%杀虫素 1 500～2 000 倍液进行防治，并在结球初期，用农用链霉素 200 mg/kg 防治软腐病，隔 7～10 d 施 1 次，连施 2～3 次；发病初期喷施 20%盐酸吗胍·乙酸铜(病毒 A)可湿性粉剂 500 倍液防治病毒病；根肿病一般多发生在莲座期之前，黏性土、有机质少的田块发病严重。对重病田适当施用草木灰或每亩用生石灰 30～35 kg 调节土壤酸碱度，可减轻病害的发生。菌核病的防治方法是用 10%盐水浸泡种子，除去菌核，然后用清水洗净。结球芥菜忌连作，宜施足基肥，增施磷钾肥，注意排水。发病初期可喷施 50%腐霉利(速克灵)可湿性粉剂1 000～2 000 倍液、50%多菌灵可湿性粉剂 500 倍液、40%菌核净可湿性粉剂 1 000 倍液，重点喷洒植株茎基部、老叶和地面，每隔 5～7 d 喷 1 次，连喷 3～4 次。

思考题

1. 简述结球芥菜栽培要点。
2. 结球芥菜有哪些品种?
3. 结球芥菜夏秋季播种育苗需要注意哪些问题?

实训项目

实训项目七　结球芥菜不同品种形态特征观察

一、实训目的

学习和掌握不同品种结球芥菜的形态特征。

二、材料与用具

1. 材料

6 种结球芥菜(白沙短叶 6 号、金天大坪埔包心芥、金沙大坪埔包心芥、金沙短叶晚芥菜、潮汕大肉包心芥和大坪埔大肉包心芥)的完整植株和种子。

2. 用具

刀片、放大镜等。

三、方法与步骤

1. 观察 6 种结球芥菜的根、茎、叶和叶柄的形态特征,比较金沙短叶晚芥菜和大坪埔大肉包心芥的叶柄结构差异。

2. 观察比较 6 种结球芥菜种子的差异。

四、作业

1. 列表说明所观察的 6 种结球芥菜的主要形态特征。

2. 列表或图示说明 6 种结球芥菜种子的差异。

第八章

薤栽培

薤又名藠头、荞头，原产于东亚地区，我国华南地区（广西、广东、海南、福建等）和西南地区（云南、贵州、四川、重庆等）普遍栽培，是百合科葱属二年生草本植物（图 8-1）。薤的食用部分为肥大的茎和嫩叶，除了直接烹饪外，主要还是用于腌制加工。盐制薤头有开胃、解腻和醒酒等功效，是我国传统出口产品之一。

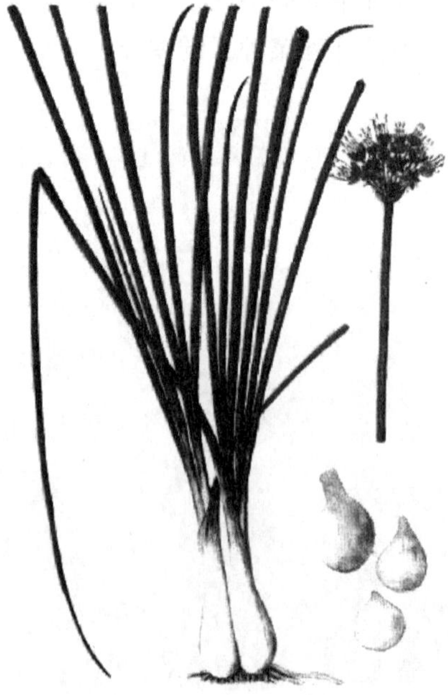

图 8-1　薤的植株

第一节 生物学特性

一、植物学特征

(一)根

薤的根为白色弦状须根,长达 31～32 cm、粗 1.5～2 mm,在葱蒜类中是比较发达的,每丛根系多达 70～80 条,主要分布在 25～35 cm 深的耕作层。

(二)茎

薤的真茎为短缩茎盘,黄白色,上部着生有叶鞘膨大形成的鳞茎,鳞茎呈牛腿形,横切可看到内有 2～3 个侧芽,内部为白色,外部有 1～2 层紫色的上皮层,为干缩叶鞘,每个鳞茎有 2～4 瓣。上方为叶鞘紧密抱合形成的假茎,起支撑与养分输送作用。

(三)叶

薤叶片分为叶身和叶鞘两部分,一般所说的叶片是指其叶身,叶片细长,呈中空三角形,长约 40 cm,深绿色,表面披有蜡粉,具有一定的耐旱能力。

(四)花

薤生长后期,从茎盘中央抽出一根花薹,长 20～25 cm,花薹顶端形成伞形花序,有小花 11～19 朵,淡紫蓝色(图 8-2),花期为 9—10 月份,此时天气开始转凉,不易形成种子,主要以鳞茎作为繁殖材料。

二、生长发育周期

薤直接用鳞茎繁殖,从播种、商品鳞茎成熟到开花可分为 5 个阶段,即幼苗期、鳞茎形成期、休眠期、鳞茎膨大期和开花期。

(一)幼苗期

薤从播种后至有 10 片叶左右为幼苗期,需要 7～10 d,外形上,其叶数剧增,但叶身细小,与此同时,下部根数也在不断增加。

图 8-2 薤的花

（二）鳞茎形成期

苗期结束后1个月左右为鳞茎形成期，薤下部叶鞘开始轻微膨大，形成鳞茎的轮廓，鳞茎内鳞芽不断分化。

（三）休眠期

进入1月份，温度较低，薤基本停止生长或者生长极其缓慢，休眠期持续至2月中旬。

（四）鳞茎膨大期

从3月至6月初，随着温度升高，薤叶片生长受到抑制，其合成的营养往叶鞘输送，使叶鞘基部即鳞茎部分迅速膨大，是产品形成的主要时期。

（五）开花期

中秋前后，薤开始抽薹开花，但无种子形成。

第二节 生长发育对环境条件的要求

一、温度

薤对温度的适应范围比较广，南方地区可安全越冬。性喜冷凉，不耐高温炎热,在气温达到30℃以上时停止生长,叶身枯死,以鳞茎方式进入休眠期;10℃以下生长缓慢,长期低于0℃叶片会受到冻害。生长的适宜温度为15～25℃。

二、光照

薤属于典型的长日照植物,长日照不仅能促进薤开花,还有利于其鳞茎的发育形成。在8 h日照以内,以新叶增加和生长为主,在16 h日照条件下,鳞茎提前肥大;表现为秋、冬季以叶、根生长为主,春、夏季鳞茎迅速膨大。对光照强度要求不高,较耐弱光,适合间套作栽培。

三、湿度

薤喜高湿土壤环境,但又怕涝、怕旱,对空气湿度适应性强。土壤相对湿度以60%～80%为宜,前期过湿易造成分蘖减少,后期则影响鳞茎的膨大。薤叶身细小,有蜡粉,对空气相对湿度要求比较低。

四、土壤

薤对土壤适应能力强,耐瘠薄,在各种土壤上均可栽培,以富含有机质的沙壤土最为适宜,适宜pH为6.2～7.0,耐酸性强,在南方红壤土上生长良好。

第三节 主要栽培品种

薤在生产上以本地品种为主,自行留种,多以地方名称命名,如开远薤头、梁子湖畔薤头等。通常以叶身、叶鞘颜色进行区分。科研院所收集整理及培育较少。比较出名的品种有如下几种。

一、南薤

南薤是湖北地方品种,叶片较大,易倒伏。薤头大而圆,分蘖能力差,每丛5～6株,鳞茎皮薄肉厚,质地脆嫩,产量高。

二、黑皮薤

黑皮薤鳞茎皮色为紫黑色,叶细小,易倒伏,分蘖能力强,每丛有15～20株,鳞茎偏小,以鲜食为主。

三、三白薤

三白薤分蘖能力较弱，每丛有7～11株，耐瘠薄、喜旱、怕涝，鳞茎较大，单个鳞茎可达16～30 g，适合腌制加工。

四、长柄薤

该品种薤柄长，白而柔嫩，叶片直立，分蘖能力强，每丛有10～15株，品质好、产量高，以整株食用为主。

第四节　栽培季节

薤为二年生植物，生长期长达10个月，温度适应范围广，耐低温，喜冷凉。鳞茎形成要求长日照条件，以秋播为主，播种期为8—9月份，秋分左右最为适宜。栽种过早，夏末秋初的高温、高湿易造成烂种；播种过迟，生长量不足，影响来年的鳞茎形成。

栽培茬次：8—9月份播种，翌年2—3月份采收青薤，6—7月份采收薤头。

第五节　栽培技术

一、整地施肥

种植薤最适宜的土地为沙壤土，也可在果园、桑园进行套作，土壤耕翻后，每亩施入充分腐熟的有机肥1 000～2 000 kg和30 kg优质三元复合肥，与土壤混匀作为基肥。畦面规格依地形而异，可作成1 m左右的畦面或者1.8～2 m的大畦，沟宽40 cm，畦高20 cm。部分地方喜欢在田头、地角、山脚或新开垦地种植薤。

二、种薤处理与播种

选择形状端正、无病虫害、大小适中、无霉烂的薤头作为种薤。将种薤晾晒1～2 d后，用80%多菌灵500～800倍液浸种1 min，取出晾干后即可播种。

在畦面上打孔或开挖种植沟，株行距为15 cm×20 cm，将处理后的种薤播入孔内或种植沟内，覆土厚度为1～2 cm，再盖上一层稻草，防止水分蒸发。种薤播种后

7～10 d 开始发芽出土。

三、田间管理

（一）中耕、除草、培土

薤幼苗生长比较缓慢，杂草容易发生，每次追肥前应进行一次中耕除草和培土，保持土壤疏松有利于根系生长和分蘖。一般进行 2～3 次，第一次在 10—11 月份，第二次在翌年 2—3 月份，第三次在 4—5 月份。

（二）水肥管理

生长期追肥 3 次：12 月下旬至翌年 1 月份，在有 1～2 个分蘖时进行第一次追肥，每亩施入腐熟有机肥 500 kg 或者尿素 15 kg；第二次追肥在 2—3 月份青薤生长盛期及鳞茎膨大初期追施，每亩施入尿素 20 kg 和硫酸钾 15 kg；第三次在 5 月份进行，每亩施入碳酸氢铵 30 kg，以促进鳞茎生长。不宜过多浇水，前期发根发叶时，可适当浇水，保持土壤湿润，在多雨的季节要注意排水，防止涝害。

四、病虫害防治

（一）病害防治

薤病害主要有根腐病、炭疽病、病毒病等。根腐病又称烂根病，多在鳞茎膨大初期发生，可通过轮作、土壤消毒等方法来预防，发病初期可用 70%代森锰锌 500 倍液灌根；炭疽病主要危害叶身与鳞茎，可在发病初期用 50%多菌灵可湿性粉剂 1 000 倍液或 70%甲基托布津 1 000 倍液喷施防治；防治病毒病以防治葱蓟马传播为主，发生初期可用 20%吗胍・乙酸铜（病毒 A）1 500 倍液喷施控制。

（二）虫害防治

薤的虫害有葱蓟马、韭蛆和蚜虫等。葱蓟马、蚜虫可用 10%吡虫啉可湿性粉剂 2 000 倍液、1.8%阿维菌素乳油 3 000 倍液、48%毒死蜱乳油 1 000 倍液、10%氯氰菊酯乳油 3 000 倍液等药液喷施防治。韭蛆可用 50%辛硫磷乳油 1 000 倍液灌根防治。

五、采收与留种

叶用薤可在2—3月份整株采收，鳞茎宜在6月采收，每亩产量为1 500 kg左右。种球可留到7月份地上部干枯时采收，采收后剪去枯叶，捆扎成束，选择背阴、干燥、通风处悬挂贮藏。

思考题

1. 简述薤的生物学特点。
2. 薤的栽培季节应如何安排？
3. 简述种薤的处理方法。
4. 薤应如何进行追肥管理？

实训项目

实训项目八　薤生长习性观察

一、实训目的

了解和认知薤的生长习性，了解其对薤产量的形成的影响。

二、材料与用具

薤成年植株、纸、笔等。

三、方法与步骤

每人挖取数株薤植株，观察薤的主要器官和生长特点。

四、作业

绘制薤生长示意图，并用文字说明。

第九章

芋 栽 培

芋，别名芋头、芋艿、毛芋，是天南星科最主要的粮食作物和经济作物，具有重要的食用和药用价值。芋含有丰富的黏液皂素、多种微量元素和维生素，能增进食欲，帮助消化。芋为碱性食品，能调节人体酸碱平衡，有美容、养颜、乌发的作用，还可治疗胃酸过多症。芋还含有一种黏液蛋白，可提高机体的免疫力。原产中国、印度、马来半岛等热带沼泽地区，现在世界广为栽培，但以中国、日本及太平洋诸岛栽培最多，是全世界近1%人口的主食，在全世界蔬菜消费量中排名第14位。芋在我国南方栽培十分普遍，在海南、福建、广西、云南、四川、江西、江苏等省区都有较大面积的栽培；北方地区过去栽培较少，但目前生产面积也在逐渐扩大。芋产品除内销外，每年以速冻产品出口日本、韩国及东南亚国家和地区。

第一节 生物学特性

一、植物学特征

（一）根

芋具白色肉质纤维根，须根系，发育旺盛，根毛少，再生能力差，根群主要分布在约50 cm深的土壤层中。芋根一般分布较浅，容易受旱，在栽培上应注意选择排灌良好的田块种植。

（二）茎

芋的茎分为球状茎和根状茎。球茎顶芽萌发生长后，在其上端形成短缩茎，短缩茎膨大形成母芋。球茎上具显著的叶痕环，节上有棕色的鳞片毛，为叶鞘残迹。

球茎是繁殖器官。

（三）叶

芋的叶互生于茎基部，2/5 叶序。叶形可分为箭形、卵形、心形、狭心形，表面有密集的乳突，能保蓄空气，形成气垫（图 9-1）。叶柄直立或开展，下部膨大成鞘，抱茎，中部有槽。叶柄颜色主要有绿色、乌绿色和紫色 3 种。

图 9-1　芋的叶片

（四）花

芋的花为佛焰花序，单生，短于叶柄，花柄色与叶柄色相近，管部长卵形，檐部披针形或椭圆形，展开呈舟状，边缘内卷，淡黄色至绿白色。肉穗花序长约 10 cm，短于佛焰苞，由顶端到基部可分为 4 个部分，即附属器、雄花区、中性区和雌花区，其中中性区和附属器为不育部分。

（五）果实

芋的果实为浆果，内有种子，种子小。

二、生长发育周期

（一）萌芽期

一般休眠越冬的芋种芽，在清明以后外界温度上升到 15℃左右时，其顶芽开始萌动，经历20 d左右，种芋在土中吸水，长出不定根，再经10 d左右，顶芽萌发出土，此为萌芽期。萌芽主要利用种芋本身贮存的养分。种芋吸足水分，在适宜温度范围内顶芽基部先发根、后发芽，温度高时顶芽先萌发、后长根。如抗旱播种，使发芽前能发生较多的根系，有利于培育壮苗和植株生长发育，防止后期早衰。

（二）幼苗期

芋从顶芽出土到具有4～5片真叶为幼苗期，幼苗期植株生长较慢，吸收土壤水分、养分不多，前期主要依靠种芋本身贮存的养分，以后逐渐从土壤中吸收和同化养分，幼苗期经历35 d左右。这一时期以叶片和根系生长为主，生长量不大，是为后期发棵和结芋打基础的时期。

（三）发棵期

芋植株发棵放叶，生长迅速，基部短缩茎开始逐渐膨大，形成新的母芋，为发棵期。此阶段一般经历35～45 d，主要进行营养生长，要求水、肥供应充足，防止高温干旱。在栽培上应结合除草、追肥、培土、浇水等配套措施，为球茎膨大创造良好的土壤环境条件。芋发棵期，长江、黄河流域正值梅雨季，雨水较多，旱芋喜湿，但不耐涝，过涝对根系生长不利，梅雨期应做好排涝工作。

（四）结芋期

从新母芋的腋芽上开始萌生子芋，到母芋和子芋充分变大，为结芋期。本阶段经历时间较长，一般为80～110 d，因品种和栽培条件而异。本阶段要求水肥供应充足，以促进球茎膨大，之后逐渐减少水肥供应，以促进球茎老熟，防止后期徒长。结芋期是产生新芋并膨大的时期，球茎的膨大依赖于光合作用，要获得高产，形成较大的叶面积是关键，同时应合理施用氮肥，协调好地上部和地下部的生长。

（五）球茎休眠期

气温降到15℃以下，芋植株地上部生长完全停止，并不断枯黄，经霜完全枯死，以球茎留存土中，在8～15℃和比较干燥的条件下进入休眠越冬，直到第二年春季，球茎萌动发芽。

第二节　生长发育对环境条件的要求

一、温度

芋喜高温多湿的环境条件，不耐低温和霜冻，一般当温度上升到13～15℃时球茎开始发芽，生长最适温度为25～30℃。不同的生育期，芋对温度的要求也有差异。萌芽期最适温度是13～15℃，多子芋在12～13℃下能正常发芽；幼苗期最适温度是20～25℃；发棵期适温在25℃以上，球茎形成时最适温度为白天28～30℃，夜间18～22℃；结芋期适温为20℃，不能超过35℃；球茎休眠期最适温度为8～15℃。

二、光照

芋的光饱和点在50 000 lx左右，较耐阴。在栽培上，温度、光照、湿度合理搭配有利于地上部生长和地下部产品器官形成。光照弱的条件下，应适当降低温度，同时相应增加湿度，降低呼吸作用，有利于芋的代谢平衡；光照强时，温度相应升高，湿度应随之降低，有利于光合产物的积累。芋生长发育与光的组合密切相关，在蓝紫光（短波光）下，芋的叶片大而厚，叶柄粗短，有利于维生素C形成；在红光和黄光下，芋的叶片较小，叶柄长而细。芋头的形成要求短日照，但较长的光照时间有利于地上部生长。因此，芋在生长前期要求有较长的光照时间和较高的温度，以促进叶面积增大。

三、湿度

芋喜湿润的自然环境，尤其生长中后期必须在湿润的土壤环境里才能正常生长发育。不同生长期，芋对湿度的要求也不一致。芋萌芽期正是早春季节，地温较低，此期水分不能太多，只需保持芋田稍为湿润即可。幼苗期温度是关键，特别是地温。地温高，幼苗生长快而粗壮，地温低幼苗生长慢而瘦弱。发棵结芋期芋生长较快，是产量形成的关键时期，对水分的要求非常严格，此时不能缺水。前期要求湿润，以后逐渐加大灌水量，特别是7、8月份，宜保持沟底有水。球茎休眠期，芋头收获前10～15 d，要保持土壤干燥，芋贮藏前要晒3～5 d，使球茎适当缩水，有利于贮藏。

四、土壤

芋的适应性较广，对土壤质地要求不是很严格。宜选择地势平坦、保水保肥能力强、排灌方便、土层深厚(耕作层在 20～30 cm)、疏松肥沃、富含有机质并且含水量较高的壤土或沙壤土，生产出的芋头表面光滑、产量高、商品性好。芋对土壤酸碱度要求也不是很严格，pH 为 4.1～9.1 时都能正常生长，最适宜的 pH 是 5.5～7.0，过酸或过碱都会使土壤团粒结构遭到破坏，影响球茎的生长发育和品质。

第三节　主要栽培品种

一、多子芋

（一）鄂芋 1 号

鄂芋 1 号由武汉市蔬菜科学研究所选育。该品种早中熟，白芽，多子芋。叶柄紫黑色，子孙芋卵圆形，芋形整齐，棕毛少，单株母芋 1 个，子孙芋 25 个左右，单个子芋质量 50～70 g，单个孙芋质量 32～42 g，单株子孙芋总质量 1.4 kg 左右。一般 8 月份每亩可采收青禾子孙芋 1 200 kg 左右，10 月下旬采收老熟子孙芋 2 200～2 500 kg。

（二）鄂芋 2 号

鄂芋 2 号由武汉市蔬菜科学研究所选育。该品种晚熟，红芽，多子芋。其生长势较强，叶柄乌绿色，母芋芽色淡红，子孙芋卵圆形，芋形整齐，棕毛少。单株母芋 1 个，单株子芋数量为 7 个左右，平均质量 80 g 左右，单株孙芋数量 8～10 个，平均质量 38 g 左右，单株子孙芋质量 900 g 左右。一般每亩子孙芋产量 1 800 kg 左右。耐旱性较强。

（三）金华红芽芋

金华红芽芋由金华市农业科学研究院和浙江大学生物技术研究所选育，2011 年通过浙江省品种审定。属多子芋类型，中晚熟，全生育期 200～210 d。子芋长卵圆形，孙芋卵圆形，表皮棕褐色，肉质乳白色。单株结子芋 10 个、孙芋 6 个。子芋平均重80～90 g，孙芋平均重27.7 g，10月下旬采收，每亩产量2 500～2 800 kg。

（四）铅山红芽芋

铅山红芽芋为多子芋，中熟，生长期210～240 d。该品种株高90～100 cm，叶片阔卵形，叶柄淡紫色。母芋较大，近圆形，芽红色，每株子芋7～10个，子芋肥大，表皮褐色，肉白色，单株产量0.85～1 kg。含淀粉较多，品质优。9—10月份采收，亩产1 500～1 700 kg。

（五）莱阳8520

莱阳8520由莱阳农学院选育。属多子芋，早熟，生育期178 d。子孙芋卵圆形，商品性好，棕毛少。单株子芋20个，子芋平均质量60 g，大于32 g的子芋占91%以上，9月中下旬采收，每亩产量3 700 kg。

（六）乌秆枪

乌秆枪是地方品种，原产于四川省泸州市。其栽培历史悠久，属多子芋，叶片绿色，蜡粉中等，叶柄黑紫色，叶背脉有紫色斑纹。子芋近圆形，外皮棕色，鳞片白色，球茎肉质细软黏滑，品质较好。每亩产量为2 000～2 500 kg。

二、魁芋

（一）荔浦芋

荔浦芋是地方品种，产自广西荔浦县。其栽培历史悠久，属魁芋类，株高130～170 cm，叶柄上部近叶片处紫红色，下部绿色，叶片盾形，长50～60 cm，宽40～55 cm，母芋长筒形，重1.0～1.5 kg，大者可达2.5 kg以上。子芋和孙芋为长棒槌形，头大尾小，尾部稍弯，芋芽淡红色，芋肉白色，有紫红色花纹。以食用母芋为主，其肉质细、松、粉，特富芳香味。早栽每亩产量1 500～2 000 kg。

（二）福鼎芋

福鼎芋是地方品种，产自福建省福鼎市。属魁芋类，株高170～200 cm，最大叶片长110 cm，宽90 cm，母芋圆筒形，单个母芋重3～4 kg，大者可达7 kg以上。芋芽淡红色，芋肉白色，有紫红色花纹。以食用母芋为主，肉质细致、松、粉。主要分布在闽东北福州地区及浙南温州一带，广东潮汕地区也有一定的种植面积。

（三）人头芋

人头芋是地方品种，产自四川泸州、南充、彭州等地。属魁芋类，株高 1.5 m 左右，分株力强，母芋呈长筒形，球茎大，单个母芋重 1.5～2.5 kg。子芋较小、较少、带柄。芋头表皮深褐，肉质灰白色，质面、味浓、品质优。全生长期 240 d，中晚熟，每亩产量 4 500 kg。

（四）南平金沙芋

南平金沙芋是地方品种，产自福建省南平市。属魁芋类，晚熟，株高约 120 cm，叶柄乌绿色，芽淡红色，芋肉白色，分蘖性强。母芋圆柱形，重约 0.5 kg，单株子芋 5～8 个，近圆柱形，平均单个重 83 g，孙芋细长，单株孙芋 8～12 个，平均单个重 28 g。每亩产量 2 500～3 000 kg。

三、多头芋

（一）狗蹄芋

狗蹄芋是地方品种，产自福建漳州。属多头芋类，株高 127 cm，株型紧凑。叶片卵形，长 35 cm，宽 25 cm，绿色，叶柄浅绿色。母芋长圆形，芽白色，有棕褐色纤毛和鳞片。子芋与母芋紧密相连，单株球茎重 1.5 kg。8 月中旬至 10 月下旬均可上市，每亩产量 2 000 kg 左右。

（二）莲花芋

莲花芋是地方品种，产自四川省宜宾地区。属多头芋，株高 90 cm 左右，芋球茎扁平状，母芋、子芋连接成块，芽红色，外皮红褐色，单株产量约 1.5 kg，球茎肉质致密，水分少，淀粉多，香味浓。早栽每亩产量 1 000～1 500 kg。

四、花用芋

普洱红禾花芋

普洱红禾花芋是地方品种，产自云南普洱。该品种为滇南芋。主要食用其花柄与叶柄,叶箭形,叶柄紫红色。叶正面绿色,背面粉红色。叶柄肉质,上端细,下部宽,呈鞘状。根系发达。母芋球形,子芋少而小。每花序可产生3～4根花茎,每株可抽生花序5～9根,花序肥嫩,紫红色。5—8月份可陆续采收花柄,每亩产花柄300～500 kg。

第四节 栽培季节

芋多为露地栽培,栽培季节差别较大。芋在广西、广东播种期为2—3月份,四川、闽南为3月初,长江流域为4月初,山东沿海地区为4月上旬,华北地区在4月下旬播种。

第五节 栽培技术

一、整地施肥

土壤疏松、透气性好,能促进芋根部发育和球茎的形成与膨大。芋忌连作,需实行3年以上轮作。其需肥量较大,每形成1 000 kg产品需吸收氮5.0～6.0 kg、磷4.0～4.2 kg、钾8.0～8.4 kg。旱芋一般需施优质农家肥3 000 kg/亩和复合肥25 kg/亩。水芋可用厩肥、河塘泥和绿肥。

二、种芋的准备

从无病田块中的健壮株上选取母芋中部的顶芽充实、球茎粗壮饱满、形状整齐的子芋作种(图9-2)。多头芋可分切若干块作种,也可采用母芋作种,利用整个母芋或母芋切块(1/2母芋),但需洗净、晾干,愈合后再种。魁芋繁殖系数低,部分子芋种用产量低,为了提高利用率,可将子芋假植1年培养成单个重150～200 g的小母芋作种芋。

三、催芽育苗

通常在早春提前20～30 d在冷床育苗,床土10～15 cm,限制根系深入,便于移植成活。在苗床内密排种芋,覆土10 cm左右,保持20～25℃床温和适宜的湿度,当种芋芽长4～5 cm、露地无霜冻时即可栽植。

图 9-2　种芋选择

四、定植

芋头较耐阴,应适当密植,但因芋的品种和土壤肥力不同而异。一般魁芋类植株开展度大,生长期长,宜稀植。多子芋采用大垄双行栽植,小行距 30 cm,大行距 50 cm,株距 30～35 cm,每亩栽苗 4 500～5 000 株。芋宜深栽,便于球茎生长。可按行距开 12～14 cm 的沟,将已发芽的种芋按株距摆于沟内,覆土遮盖种芋,以微露顶芽为准。栽后覆地膜增温保墒。水芋栽种前施肥、粑田、灌浅水 3～5 cm,按一定株行距插入泥中即可。

五、田间管理

(一)发芽期

从种芋播种到第 1 片叶露出地面 2 cm 左右为发芽期,约需 30 d。出苗前后应多次中耕、除草、疏松土层,提高地温,促进生根、发苗,发现缺苗及时补苗。地膜覆盖栽培,当幼苗出土时及时破膜,防止高温灼伤,并覆土压实膜口。

(二)幼苗期

芋从出苗到第 5 片叶伸出,茎基部开始膨大,重新形成母芋为幼苗期。需肥量大,除基肥外,应采取分次追肥,以促进植株生长和球茎发育。3～4 片叶时施优质农家肥 300～400 kg/亩,加水 3～4 倍浇施,中耕并进行第 1 次培土,使栽培田成为平地。培土的目的在于促进球茎膨大和发生大量不定根，增加抗旱能力。同时，球茎会随叶片的增加而逐渐向上生长，不进行培土就会露出地面。地膜覆盖栽培时不必培土。芋幼苗期气温不高，生长量小，土壤水分不宜过大，保证土壤见干见湿。

（三）叶和球茎并长期

芋从第 5 片叶伸出到全部叶片伸出为叶和球茎并长期。此阶段植株共生长 7～8 片叶，母芋、子芋迅速膨大，孙芋、曾孙芋数量已定，需 40～50 d。此期应重追肥，施饼肥 50 kg/亩，加复合肥 25 kg/亩。结合追肥再进行一次培土。此期须充足供水，保持土壤湿润，高温期忌中午灌水，宜早晚沟灌。

（四）球茎生长盛期

芋的叶片全部伸出到收获为球茎生长盛期。此阶段母芋、子芋等球茎继续膨大，其含水量下降，叶片内的同化物向球茎转移加快，需 60 d 左右。球茎生长盛期（南方梅雨过后）仍须充足供水，保持土壤湿润。立秋以后开始减少灌水，以土壤不干为度。株高 1 m，封行前追施复合肥 25 kg/亩，并加施硫酸钾 20～50 kg/亩，促进糖分积累提高产量和品质。结合施肥进行第 3 次培土。生长后期，地上部生长缓慢，植株不再增高，应不再追肥，以免徒长。

六、病虫害防治

（一）病害防治

芋头的抗逆性较强，但如果不注意防治病虫害，就会影响产量和品质。芋生产过程中主要的病害包括芋疫病、芋软腐病、芋污斑病和芋病毒病。可用 98%烯酰吗啉 1 500 倍液、72%疫霜灵 600 倍液、72%农用硫酸链霉素可溶性粉剂 2 500 倍液、灰比立 600 倍液、万霉 800 倍液、毒氟磷可湿性粉剂 500 倍液喷雾来防治。

（二）虫害防治

芋的虫害主要有斜纹夜蛾、红蜘蛛、蚜虫、蛴螬和金针虫。可用 80%敌百虫可溶性粉剂 90～100 g、5%氯虫苯甲酰胺悬浮剂 1 500 倍液防治斜纹夜蛾。红蜘蛛用 20%双甲脒乳油 1 000～1 500 倍液防治。蚜虫用 50%久效磷乳油 2 000～3 000 倍液、2.5%溴氰菊酯乳油或 20%杀灭菊酯乳油 2 500～3 000 倍液防治。蛴螬用

50%辛硫磷乳油2 000～3 000倍液灌根防治。金针虫用50%辛硫磷、48%乐斯本或48%天达毒死蜱、48%地蛆灵拌种防治，比例为药剂：水：种子＝1：(30～40)：(400～500)。

七、采收

气温降至10℃时，芋基本停止生长。叶片变黄衰败是球茎成熟的象征，此时收获产品淀粉含量高，品质好，产量高。为调节供应也可提前或延后采收。采前6～7 d在叶柄6～10 cm处割去地上部，伤口愈合后在晴天挖掘，注意切勿造成机械损伤。收获后去掉败叶，不要摘下子芋，晾晒1～2 d后入窖贮藏。冬季储藏期间，多子芋窖温不低于6℃，以防出现冻害和冷害。

思考题

1. 简述芋的生物学特点。
2. 简述芋生长发育周期的特点。
3. 简述芋田间管理的内容。
4. 为什么农谚说“芋头不培，等于不种”？

实训项目

实训项目九　芋的田间管理

一、实训目的

学习和掌握芋的田间管理技术，了解其对植株生育和产品器官的形成、产量和品质的影响。

二、材料与用具

1. 材料

芋植株。

2. 用具

铲、水桶、肥料等。

三、方法与步骤

1. 发芽期

发芽期应多次中耕、除草、疏松土层，幼苗出土时应及时破膜。

2. 幼苗期

幼苗期应分次追肥，施优质农家肥 300～400 kg/亩，加水 3～4 倍浇施，中耕并进行第 1 次培土，土壤水分不宜过大，见干见湿。

3. 叶和球茎并长期

叶和球茎并长期应重追肥。施饼肥 50 kg/亩，加复合肥 25 kg/亩，结合追肥再进行 1 次培土。充足供水，保持土壤湿润。

4. 球茎生长盛期

球茎生长盛期须充足供水，保持土壤湿润并追施复合肥 25 kg/亩，并加施硫酸钾 20～50 kg/亩，进行第 3 次培土。

四、作业

1. 写出实训报告，记录芋的整个田间管理的过程。
2. 举例说明芋植株田间管理的作用与意义。

第十章

蕹菜栽培

第一节　生物学特性

一、植物学特征

蕹菜又称空心菜、通菜、竹叶菜，原产于我国和印度热带多雨地区，为旋花科一年生或多年生草本植物，以嫩梢、嫩叶供食，全国各地均有种植。蕹菜根系分布浅，为须根系，再生能力强。茎蔓生，圆形而中空，柔软，绿色或淡紫色，茎粗 1～2 cm。茎有节，每节除腋芽外，还可长出不定根，节间长为 3.5～5 cm，最长的可达 7 cm。单叶互生，叶柄较长。叶长卵圆形，基部心形或披针形。叶全缘，平整光滑。大叶长 15 cm，宽 6～7 cm。花自叶腋生出，形如漏斗，白色、淡紫色或水红色。果实中空呈凹形，果为蒴果，近圆形，种子黑褐色，千粒重为 32～37 g。

二、生长发育周期

蕹菜生育周期的长短有明显的地区差异，其整个生长过程可分为 5 个发育时期：萌芽期、幼苗期、营养生长盛期、开花结实期、衰老期。

（一）萌芽期

蕹菜从种子萌动开始到 2 片子叶完全展开为萌芽期(图 10-1)。种苗的营养方式为混合型营养，即早期为内源性营养，当种子出土，子叶变绿后逐渐转为外源性营养。

图 10-1　蕹菜萌芽期

（二）幼苗期

蕹菜从子叶开展到主茎开始分枝为幼苗期。幼苗依靠子叶和真叶的光合作用和根系吸收的矿质营养来同化养分，进行缓慢的营养生长。

（三）营养生长盛期

蕹菜从主茎分枝到初现花蕾为营养生长盛期。本时期植株的营养生长日益旺盛，是产量形成的主要时期。

（四）开花结实期

蕹菜从初现花蕾开始到终花为开花结实期。植株在本时期逐渐转向生殖生长为主，进行开花和结实。

（五）衰老期

蕹菜从终花到植株枯死为衰老期。

第二节　生长发育对环境条件的要求

一、温度

蕹菜喜温怕寒，不耐霜冻，遇霜冻茎叶枯死。其可耐 35～40℃的高温，盛夏炎热季节仍生长旺盛，种子萌发最适温度为 20～35℃，茎叶生长适温为 25～30℃，15℃以下生长缓慢，10℃以下停止生长。

二、湿度

蕹菜喜湿，不耐干旱，生长发育需要较高的空气湿度和土壤湿度，高温干旱条件下生长缓慢，商品产量及品质下降。

三、光照

蕹菜为短日照植物，在长日照条件下不易开花结实，密植适应性较强。苗期喜充足光照，光照不足时，苗弱且易发生徒长。

四、土壤营养

蕹菜较耐连作，喜富含有机质的壤土。茎叶生长迅速，需肥量大、耐肥性强。苗期对氮肥和钾肥需要量较大，氮、磷、钾的吸收比为 3∶1∶5，生长后期（采收时），氮、磷、钾吸收比为 4∶1∶8。所以追肥要均衡，适当偏施氮肥。

第三节　主要栽培品种

一、竹叶种蕹菜

竹叶种蕹菜由我国台湾地区的农友种苗公司育成。植株生长势强，叶片似竹叶。耐热耐涝性强，叶柔嫩，品质佳，适于全国各地种植。

二、泰国青梗

泰国青梗的叶片竹叶形，呈青绿色，梗为绿色。其质脆，味浓，品质优良，从播种至始收需 30～40 d，每亩产量 3 000 kg 左右。

三、大骨青

大骨青是广州农家品种，为白花子蕹。株高 55 cm 左右，为早熟品种。茎较细，青黄色，叶片长卵形，深绿色，叶脉明显。其分枝少，适宜水田栽培，每亩产量 5 000～7 000 kg。

四、青叶白梗

青叶白梗为广州品种，叶片长卵形，长端尖长，基部盾形，深绿色，叶脉明显。该品种生长势强，分枝多，茎较粗大，青白色，节间较短，从播种到初收需 60 d，亩产量 6 000 kg 左右。

第四节　栽培季节

蕹菜根据繁殖方法的不同，栽培季节也有所不同。用种子繁殖蕹菜，有露地栽培和保护地栽培两种方式。华南地区一般 2—3 月份露地播种，4—10 月份采收；若采用小棚育苗移栽，可提前至 1 月份播种，3 月份上市。保护地栽培只要其温度条件满足蕹菜生长所需，即可全年生产、全年供应，品种可选择泰国空心菜等早熟品种。华南地区采用大棚栽培，10 月份至翌年 2 月份播种，12 月份至翌年 3 月份采收。蕹菜可采用无性繁殖，华南地区用宿根植株的新生侧芽在 3 月份进行分株繁殖。

第五节　栽培技术

蕹菜具分枝力强、茎蔓生长快等特点，增加采摘次数及每次采摘量是获取丰产的关键。因此，蕹菜栽培管理的原则是早栽植、多施肥和勤采摘，这有利于发挥蕹菜的增产潜力。蕹菜分旱栽和水植两种栽培方式，北方以旱栽为主；南方旱栽、水栽并存。早熟品种栽培以旱栽为主，晚熟品种多数水植。

一、播种及育苗

1. 苗床准备

育苗畦每平方米施过筛腐熟的农家肥 20 kg、磷酸二铵 50 g 撒均，浅翻，搂平，浇足底水。

2. 播种期

华南地区采用大棚栽培可在 10 月份至翌年 2 月份播种，露地直播在 2—3 月份播种。

3. 浸种

催芽种子用 30℃左右温水浸种 12 h，捞出沥去多余水分，用 35%的甲霜灵可湿性粉剂拌种(预防白粉病)。放在 30℃环境下催芽，并用 25～30℃温水每天投洗种子 1 次，继续催芽。一般 2 d 出芽，3 d 出齐芽。

4. 播种

直播时先浸种催芽，按行距 35 cm，穴距 15～18 cm 进行穴播，每穴播种 3～5 粒，每亩用种量为 2.5～3.0 kg。育苗移栽，可结合间拔幼苗上市，采用苗畦撒播疏苗方式，播后种子上覆土 1 cm，每亩栽植田需苗床面积 50～60 m^2，用种量 2.0 kg 左右。

5. 播后管理

播后要注意保温、保墒。出苗后，苗高 3 cm 时，要加强肥水管理，随水冲施尿素，每亩施用量为 5 kg 左右。幼苗期忌干旱，幼苗 2 叶 1 心时进行间苗，苗距 6 cm 左右(图 10-2)。生长期间可喷 20 mg/L 赤霉素溶液或云大-120(10 mg 兑水 30 L)，每 10 d 喷 1 次，连喷 2 次。幼苗 4～5 片叶时移栽植田。

图 10-2　蕹菜育苗

二、定植

(一)施肥整地

选择优质肥沃的沙壤土，每亩施用腐熟有机肥 4 m^3 左右、磷酸二铵 50 kg，耕翻耙细后作畦,畦宽 1.0～1.2 m。

(二)定植

播种后 30 d 左右,苗高 17～20 cm 时按 30 cm×35 cm 行株距定植,每穴 3～4 株,或按 18 cm×35 cm 行株距定植,每穴 2 株(图 10-3)。定植时要先浇苗畦,然后带土定植,以利于缓苗。

图 10-3　蕹菜定植

三、田间管理

(一)肥水管理

蕹菜 2 叶 1 心或定植后,要加强肥水管理,每亩施速效性氮肥 10 kg 左右,追肥量不宜过大,植株生长期间要保持土壤湿润。苗高 30 cm 左右开始采收,每次采收都要追肥,标准为每亩追施尿素 10～15 kg,以促进新梢发生和生长。

(二)中耕除草

为防止畦面板结和杂草丛生,影响植株的生长,可在畦面发白时浅锄,促使根系的发育,为植株的健壮生长创造一个有利的环境。

(三)温度管理

蕹菜生产应尽可能保持较高的温度,棚室生产的温度不超过 35℃不放风,夜间最低温度应保持在 15℃以上。

四、采收

蕹菜的采收一般采用掐收的办法，在植株 30 cm 以上时初次采收(图 10-4)，留下部 9～12 cm，采收其上嫩梢，以后叶腋长出的新梢长 15 cm 时开始第二次采收，但下部要留 2～3 片叶，以促发更多新梢，保证丰产。自第三次采收之后，每个采收新梢下仅留 1～2 片叶，以防发生的新梢过多，植株早衰。同时，疏去植株基部过多过密的枝条，以达到更新和保持合理群体的目的。幼苗也可连根拔起，剪去根部后，整理成捆，供应市场。

图 10-4　采收期的蕹菜

五、病虫害防治

蕹菜有小菜蛾、菜青虫、卷叶虫等虫害，农业防治为冬季清除地上部枯叶及病残体，重病田实行 1～2 年轮作，施用腐熟的有机肥，减少病虫源。药剂防治：可选用 2.5%溴氰菊酯乳油 2 000 倍液，2.5%高效氯氟氰菊酯乳油 1 500 倍液，5%氟啶脲乳油 1 200 倍液等喷雾防治，每 7～10 d 施 1 次。

病害主要有白锈病、炭疽病、腐败病等，以白锈病危害为重，可喷 1∶1∶200 波尔多液防治，每次间隔 10 d 为宜。炭疽病发病初期，可选用 80%代森锰锌可湿性粉剂 600 倍液、75%百菌清可湿性粉剂 1 000 倍液、50%多菌灵可湿性粉剂 800 倍液等喷雾防治，每 10 d 施 1 次，连续防治 2～3 次。

思考题

1. 蕹菜有哪些栽培方式？
2. 蕹菜采收时需注意哪些问题？
3. 蕹菜在华南地区主要栽培品种有哪些？

实训项目

实训项目十　蕹菜扦插种植

一、实训目的

学习和掌握蕹菜浅水栽培扦插种植技术。

二、材料与用具

1. 材料

蕹菜成株苗。

2. 用具

剪刀等。

三、方法与步骤

1. 地块的准备

蕹菜浅水栽植是利用浅水田或浅水塘，扦插种植前先将水放掉，进行整地、去除杂草，然后准备扦插。

2. 扦插苗选取

选择健壮无病的成株蕹菜，选老熟茎段剪取长约 20 cm 做插条。过长的茎段也可分为两段，并将每段基部的 1～2 片叶摘去，并将插条微晒失水，更利于其成活。

3. 扦插

将插条按 20～25 cm 株距斜插入土中 2～3 节，深度 3 cm 左右，注意插条的极性，不可倒插。

4. 扦插后管理

扦插后为利于蕹菜发根成活，需提高地温，水层不宜过深，一般以保持 6～9 cm 为宜。

四、作业

1. 蕹菜插条为什么不能倒插？
2. 蕹菜插条进行扦插前微晒有什么作用？
3. 如何正确选择和处理蕹菜插条？

第十一章

西洋菜栽培

西洋菜又名豆瓣菜、水蔊菜，属十字花科一年生或二年生植物。原产于欧洲，我国也有野生种。华南地区广西、广东等地栽培较多，以水生为主，生长速度快，茎叶柔嫩，可素食或炒食，冬季常用于火锅烫食。广西可利用水田地春夏季栽培水生蕹菜，秋冬季栽培西洋菜，全年生产，经济效益极高。

第一节　生物学特性

一、植物学特征

（一）根

西洋菜以扦插繁殖为主，无主根，能从茎节上发出大量不定根，根细小、白色，吸收能力差，宜水栽。

（二）茎

西洋菜的茎为匍匐生长，圆形、节间较短，青绿色，腋芽萌发力强，每节均能发生分枝和须根，遇潮湿环境须根即伸长生长，侧枝众多。茎在幼嫩时实心，长老后中空。

（三）叶

西洋菜的叶互生，每节一叶，为奇数羽状复叶，小叶 1～4 对，近圆形或卵圆形，深绿色，宽约 2 cm，小叶柄细而扁，叶柄基部呈耳状，略抱茎，温度过低时易出现紫叶现象。

（四）花

西洋菜的花为完全花，总状花序，白色、细小，花期为4—5月份。

（五）果实

西洋菜的果实为长角果，细长棒状，内含种子30～40粒，种子细小，扁椭圆形，黄褐色，千粒重约0.25 g，发芽力可维持5年。

二、生长发育周期

西洋菜生育周期的长短有明显的季节差异，整个生育过程可分为5个发育时期：萌芽期、幼苗期、营养生长盛期、开花结实期、衰老期。

（一）萌芽期

西洋菜从种子萌动开始到2片子叶完全展开为萌芽期，其种子较小，发芽需要7～10 d。

（二）幼苗期

西洋菜从子叶展开到主茎开始分枝为幼苗期，其前期生长缓慢，后期随着叶片增多和叶面积的增加，生长速度逐渐加快，此阶段需要15 d左右。

（三）营养生长盛期

西洋菜从主茎分枝到初现花蕾为营养生长盛期，植株此阶段以茎叶旺盛生长为主，是产量形成的主要时期。秋冬季栽培从10月份至翌年3月份，营养生长盛期可长达6个月之久；春季栽培是以繁殖种子为主，营养生长盛期在2—3月份，仅为2个月左右。

（四）开花结实期

西洋菜从初现花蕾开始到种子成熟为开花结实期。西洋菜3月中旬现蕾，4月初结荚，5月初果实成熟。成熟果实易开裂，将种子弹落，应及时采收。

（五）衰老期

西洋菜从终花到植株枯死为衰老期。

第二节　生长发育对环境条件的要求

一、温度

西洋菜喜冷凉的气候，生长适温为15～25℃，最适温在20℃左右，10℃以下生长缓慢，能忍受短时间的霜冻，冬季气温在0℃左右可露地安全越冬，气温超过25℃时生长快，但植株细弱，若温度高于30℃，其生长停滞，叶片发黄甚至枯萎。

二、湿度

西洋菜喜湿润环境，生长发育需要较高的空气湿度和土壤湿度，适合浅水栽培，生长期适宜的空气相对湿度为75%～85%，高温干旱条件下生长缓慢，商品产量及品质下降，夏季高温、通气不良时易发生烂秧。

三、光照

西洋菜需要有较强的光照，每天最好有7～8 h的光照时间，在连阴雨天，植株光照不足时，主茎徒长，叶片细薄，黄化，品质下降。

四、土壤营养

西洋菜对土壤适应性广，壤土、沙壤土、黏土都可栽培，但以肥沃的中性或微碱性黏壤土或壤土种植最好。适于水田种植，也可以旱地栽培，但要经常保持土壤湿润，适宜pH为6.5～7.5。需肥量较多，氮、磷、钾吸收比例为1∶0.4∶0.9。若氮肥过多，易引起徒长导致品质差和容易感染病害。

第三节　主要栽培品种

一、广东小叶豆瓣菜

广东小叶豆瓣菜为小叶型，株高30～40 cm，茎粗0.9 cm左右，两边小叶2～3

对，顶端小叶卵圆形，长 2.6 cm。宽 2.2 cm，褐色，4 月下旬开花，但不结实，只能无性繁殖。

二、英国大叶豆瓣菜

英国大叶豆瓣菜为大叶型，株高 40～50 cm，茎粗 0.79 cm 左右，两边小叶 1～3 对，顶端小叶圆形或近圆形，长 3.2 cm，宽 3.4 cm，绿色，耐寒性较强，在低温和冬季仍不变色。春季开花结籽，品质好，味鲜嫩。

三、江两大叶豆瓣菜

江两大叶豆瓣菜为大叶型，株高 40 cm 左右，茎粗 0.75 cm 左右，两边小叶 1～3 对，顶端小叶长卵形，长 3 cm，宽 1.6 cm，叶片绿色，叶脉红色，在冬季和低温条件下不变色，春季开花结籽。该品种抗逆性强，耐寒性强，但含纤维相对较多。

第四节 栽培季节

西洋菜多在 9 月份播种育苗，9 月中旬至 10 月上旬气温降到 20～25℃时，从种苗田中剪取长约 15 cm 的中上部嫩茎，进行扦插栽培。定植后 20 d 可收割。采收期为 10 月至翌年 3 月，种子成熟期在 5 月初。

第五节 栽培技术

西洋菜具分枝力强、茎蔓生长快等特点，栽培管理的原则是早栽植、多施肥和勤采摘，这有利于发挥西洋菜的增产潜力。西洋菜在北方以旱栽为主，南方多为水栽。

一、播种及育苗

在 9 月份，气温降至 20～25℃时播种育苗，具体方法可分为旱地育苗和半水田育苗。

（一）旱地育苗

选土壤肥沃并有适当遮阴的地块作苗田，耕耙，整地，做成宽 1.2 m 的苗床，使畦面土壤达到细碎平整为宜，先浇透水，待水分渗入土中后播种。因种子细小，需混拌1～2倍细土撒播，播后撒盖一薄层过筛细土。一般播种100 g，采用60 m^2苗床，可供1 000～1 333 m^2田用苗。每天灌水，宜浸灌，水不上畦面，保持土壤湿润为宜，避免土壤板结。

（二）半水田育苗

选择地势较低，土质肥沃的水田，带水耕作后，做成1.2 m宽的畦面和35 cm宽的畦沟，畦面须耱平，灌水使畦面充分湿润，但无水层，畦沟中始终有水浸润。播后撒盖一层细土。待苗高4～5 cm时，灌水保持畦面有一薄层水，以后随着幼苗的生长，逐渐加深水层到1.5～2 cm。

出苗后30 d左右，苗高达12～15 cm时，即可移栽大田。

二、定植

（一）施肥整地

选择地势较低、排灌方便、土质肥沃疏松的水田栽植。栽前浅水耕耙，结合翻耕每亩施腐熟人粪尿3 000 kg或厩肥5 000 kg作基肥。耕后耙细耱平，保持田间稀泥状或一薄层浅水，即可栽植。

（二）定植

从种苗田中剪取长15 cm左右的中上部嫩茎，要求茎较粗、节间短、绿叶完整。栽苗时，将基部两节连同根系斜栽插入泥中，以利于成活。定植行距15 cm、株距10 cm。

三、田间管理

（一）水分管理

水田栽植西洋菜，前期要保持1～2 cm的水层，以后随着植株的生长，水位逐渐加深到3～4 cm，但不宜超过5 cm，以防引起锈根。

（二）中耕除草

西洋菜生长初期，田间易生杂草，要及时除草，浅锄，促进根系的发育，为植株的健壮生长创造一个有利的环境。

（三）肥料管理

定植后 30～40 d 即可收获。每收获 1 次，应及时追施 1 次速效肥，一般每亩撒施尿素 15 kg 或用 0.5%尿素液叶面喷施，也可每亩用腐熟粪肥 1 200 kg 或 15 kg 有机生态复合肥，直接撒施或兑水 5 倍稀释后浇施，施肥时间宜选在早、晚进行。

四、采收

定植后当株高 25 cm 左右时即可收获。采收方法有两种：一是逐株采摘嫩梢，采后捆扎成把，此方法比较费工。另一种是齐泥收割，每次割去全田的 3/4，把老根踩入泥中，后施肥耙平，把留下的 1/4 种苗再行栽插。

五、病虫害防治

（一）病害防治

西洋菜主要的病害有叶枯病、锈病等。叶枯病可用 70%代森锰锌可湿性粉剂 600 倍液或 75%百菌清可湿性粉剂 600 倍液喷施防治；锈病可用 25%三唑酮可湿性粉剂 2 000 倍液或 25%丙环唑乳油 3 000 倍液喷施防治。

（二）虫害防治

西洋菜主要的虫害有蚜虫、小菜蛾、黄条跳甲等。蚜虫可用黄板诱杀成虫，也可用 10%吡虫啉可湿性粉剂 3 000 倍液、3%啶虫脒乳油 2 000 倍液、50%抗蚜威可湿性粉剂 2 000 倍液喷施防治；小菜蛾可用 5%茚虫威悬浮剂 200 mL/hm^2、5%氯虫苯甲酰胺 30 g/hm^2 喷施防治；黄条跳甲可用 18%杀虫双水剂 400 倍液、10%氯氰菊酯乳油 3 000 倍液喷施防治。

思考题

1. 西洋菜对栽培温度的要求有何特点？
2. 西洋菜扦插栽培应如何操作？
3. 西洋菜应如何进行采收？

实训项目

实训项目十一　西洋菜扦插种植

一、实训目的

学习和掌握西洋菜浅水扦插种植技术。

二、材料与用具

1. 材料

西洋菜成株苗。

2. 用具

剪刀等。

三、方法与步骤

1. 地块的准备

扦插种植前先将浅水田的水放掉，耕翻耙平、去除杂草，然后准备扦插。

2. 扦插苗选取

选择健壮无病的成株西洋菜，选中老茎段剪取长约 15 cm 作插条。将每段基部的 2～3 片叶摘去，并将插条微晒失水，更利于其成活。

3. 扦插

将插条按 10～15 cm 株距斜插入 2～3 节，深度 3 cm 左右，注意插条的极性，不可倒插。

4. 扦插后管理

扦插后为利于发根成活，需要提高地温，水层不宜过深，一般以保持 2～3 cm 为宜。

四、作业

1. 西洋菜插条为什么不能倒插？
2. 西洋菜插条进行扦插前微晒有什么作用？
3. 如何正确选择和处理西洋菜插条？

参考文献

[1] 韩世栋.蔬菜生产技术[M].北京:中国农业出版社,2006.

[2] 罗庆熙.蔬菜生产技术(南方本)[M].北京:高等教育出版社,2014.

[3] 李崇光,包玉泽.我国蔬菜产业发展面临的新问题与对策[J].中国蔬菜,2010,1(15):1-5.

[4] 胡繁荣.蔬菜生产技术(南方本)[M].北京:中国农业出版社,2012.

[5] 费显伟.园艺植物病虫害防治[M].北京:高等教育出版社,2010.

[6] 中国农业科学院蔬菜研究所.中国蔬菜栽培学[M].北京:中国农业出版社,1993.

[7] 张彦萍.设施园艺[M].北京:中国农业出版社,2015.

[8] 徐卫红.西南地区特色蔬菜营养与栽培技术[M].北京:化学工业出版社,2011.

[9] 陈振德.蔬菜穴盘育苗技术[M].青岛:青岛出版社,1996.

[10] 段敬杰.瓜果菜嫁接与高效栽培[M].郑州:河南科学技术出版社,2003.

[11] 别之龙.工厂化育苗原理与技术[M].北京:中国农业出版社,2008.

[12] 陈杏禹.蔬菜栽培[M].北京:高等教育出版社,2005.

[13] 佘德松.园艺植物病虫害防治[M].北京:科学出版社,2013.

[14] 王振龙.无土栽培教程[M].北京:中国农业大学出版社,2008.

[15] 张福墁.设施园艺学[M].北京:中国农业大学出版社,2008.

[16] 徐凤珍.蔬菜栽培学[M].北京:中国科学文化出版社,2003.

[17] 蒋卫杰.蔬菜无土栽培技术[M].北京:金盾出版社,2001.

[18] 刘增鑫.特种蔬菜无土栽培技术[M].北京:中国农业出版社,1999.

[19] 葛晓光.蔬菜育苗大全[M].北京:中国农业出版社,1995.